A

La Découverte

Des

Orchidées

Du Lauragais

Sommaire

Préface

Une passion occupe une partie de mon temps libre : les orchidées sauvages. Photographe amateur depuis plus de 10 ans, j'ai découvert ces petites bêtes lors de mes prospections naturalistes. Après avoir parcouru le Lauragais à la recherche des oiseaux qui peuplent ce territoire, je me suis lancé à la quête de ces dernières.

C'est avec une immense fierté que je vous présente le fruit d'un travail de longue haleine. Les orchidées représentent une famille riche en diversité dans le grand livre du vivant. Dans l'imaginaire collectif, on les voit dans les forêts tropicales et loin de toute civilisation, mais il n'en est rien. En France, nous pouvons les trouver au plus près de nous dans nos villes, elles peuplent nos campagnes, nos forêts profondes, nos tourbières et autres zones humides. Elles colonisent même les plus hautes montagnes.

Mon choix du territoire d'étude est avant tout un amour inconditionnel que je voue à ce pays qui m'a vu naître. Une petite région agricole qui regorge de surprises pour celui qui prend le temps de s'y arrêter quelques instants.

Ce travail est une représentation de la diversité des orchidées en Lauragais.

Mon souhait serait de vous amener à la découverte de ces merveilles du Lauragais avec le regard du photographe naturaliste.

Je remercie tous mes amis photographes, orchidophiles et ma famille sans qui rien n'aurait pu être possible, Gérard Joseph, Elisabeth & Jean-Luc Roux, Michel Depeyre, Daniele Delvart, Nicolas Seb, Hugo Santacreu, Sébastien Legriel, Jean Joachim, Camille Galy-Fajou, Abel Delbreil, Camille Jouneau, Bastien Juge, Daniel Vizcaïno, Brigitte Belinguier, Gratienne & Louis Casteras, Patrick Ferries et Bruno Layssol.

Un petit point sur l'ouvrage

Pour réaliser cet ouvrage l'auteur s'est aidé des cartographes locaux de la Société Française d'Orchidophilie et de nombreux spécialistes. Durant plusieurs années il a inventorié, rassemblé des données, parcouru le territoire du Lauragais pour vous présenter les différentes variétés d'orchidées qui peuplent ces espaces. Chacune de ces espèces possède une fiche d'identité et une localisation communale.

L'ensemble des photos provient des prospections destinées à leurs découvertes. Les cartographies réalisées, sont faites pour que nous puissions savoir si les espèces occupent notre commune ou les alentours. Ce travail ne se veut en aucun cas exhaustif, chacun peut avoir déjà vu près de chez lui des espèces non évoquées dans les données. Ce travail consiste en une représentation à un instant précis des dernières observations et données de présence des années 1980 à 2021.

Le livret commence par une présentation du territoire d'étude, suivie d'une définition précise de l'orchidée, et complétée par différentes informations. Enfin les fiches d'identification et les cartographies des espèces nous font découvrir les 57 espèces du Lauragais.

Le découpage du territoire est pour moi un choix assumé. En effet, il n'existe pas de limites véritablement définies. Plusieurs historiens ont néanmoins répertorié un certain nombre de communes constitutives du Lauragais. Parmi celles-ci, les communes qui constituent le Pôle d'Equilibre Territorial et Rural (PETR). Par ailleurs, d'autres communes du SICOVAL mais aussi des extrémités du PETR en font partie et c'est pour cela que l'auteur a décidé de faire figurer les plus caractéristiques parmi ses cartographies. Elles se dessinent par-delà les limites du PETR Lauragais.

Le LAURAGAIS

Un pays de labours

Lauragais vient de l'occitan *laboura*, qui signifie labourer le sol. Une autre origine du nom serait issue du nom de sa première « capitale » territoriale, *le castrum* de Laurac, aujourd'hui Laurac-le-Grand (Aude). Le nom de cette commune dériverait de celui d'une villa gallo-romaine, formé par adjonction du suffixe *-acu* qui donne *Laurius*. Lauragais est attesté pour la première fois, sous sa forme *Lauragues* en 1150, puis latinisé en *Lauriacense* en 1219.

Ce pays est aussi caractérisé par sa qualification de petite région agricole. Ce territoire est un couloir naturel, de la vallée de l'Hers, du canal du Midi. Il s'étend sur une superficie de 2 400 km², on y distingue quatre régions :

- À l'ouest les côteaux de Saint-Félix,
- Au sud les collines de la Piège,
- Au nord les contreforts de la Montagne Noire,
- Au centre, la plaine alluviale du sillon Lauragais.

Figure 1: Aux quatre coins du Lauragais

Une terre de vent

Figure 2 : Un matin brumeux

Situé aux confins du climat océanique et méditerranéen, le Lauragais est un parfait exemple de concertation climatique. Géographiquement, il se situe au sein d'une zone où le climat océanique prédomine. Cependant, les influences méditerranéennes n'y sont pas rares, particulièrement en été et en automne. La dominante océanique est agrémentée par des incursions méditerranéennes dues à un vent particulier, le vent d'Autan, véritable signature climatique du Lauragais. Ce vent fou, prédomine dans ce territoire. Le Cers « vent de Toulouse » possède la particularité d'amener très souvent la pluie par les dépressions océaniques. Quant au vent d'Autan, on lui prête la particularité d'assécher les terres soumises à son emprise. On compte près de 68 jours sans vent en Lauragais. Le vent d'Autan peut en l'espace de 2 à 3 jours précipiter les moissons, ou bien accroître d'un à deux degrés le titrage alcoolique des raisins.

Les collines de la Piège tout comme celles du Nord Lauragais sont constituées de molasses (formations de grès friables à ciment calcaire), de roches sédimentaires provenant de l'érosion des Pyrénées. Seule la région de Revel et le nord de Castelnaudary sont assis sur les affleurements de roches anciennes de l'ère primaire de la Montagne Noire (Massif central).

Le Lauragais, un paysage entre roche et végétal

L'histoire géologique du Lauragais prend sa source durant l'ère tertiaire. Les matériaux présents sous nos pieds se sont déposés il y a 45 à 25 millions d'années, ils sont connus sous le terme de « molasses ». Ces « molasses » résultent de l'érosion des Pyrénées. Sous l'effet de nombreux torrents et rivières, les sédiments arrachés à la chaîne, boues, sables, graviers dévalent les pentes et s'amoncellent dans les bassins durant des millions d'années. Au fil du temps, ces dépôts se sont consolidés pour former les « molasses du Lauragais ».

Les dépôts fluviaux sont généralement composés de grès résultant de la consolidation du sable, des argiles, des graviers et des galets. Les dépôts lacustres quant à eux, sont représentés par des calcaires ou des marnes déposés dans des lacs occupant des dépressions. Ces différents matériaux ont une influence déterminante dans la composition chimique du sol et déterminent le type de végétation qui s'y développe. Un sol dit acide, est composé de matériaux à dominante siliceuse (argiles, sables, grès, graviers et galets), et voit se développer une végétation différente d'un sol édifié, c'est à dire à dominante carbonatée (calcaires et marnes).

Un territoire à plusieurs limites

De manière administrative, on peut parler du Lauragais par des limites contestées et parfois assez abstraites, mais deux situations nous permettent d'en faire une unité administrative viable. La première unité est le Pays Lauragais. Cette unité administrative fut une association avant de devenir un syndicat mixte composé de 166 communes. Dans le cadre législatif, un Schéma de Cohérence Territorial (SCOT) fut établi, qui fixe les grands axes de développement du territoire dans la préservation des ressources et des populations au niveau des bassins de vie. Le SCOT fut approuvé en 2012.

Il ne s'agit pas d'une nouvelle identité qui se superposerait aux communes et cantons, mais d'un PETR (Pôle d'Equilibre Territorial et Rural) qui constitue une nouvelle avancée pour la genèse du territoire.

Le PETR rassemble les missions d'aménagement et de développement par l'élaboration, la révision du SCOT mais aussi par des projets de développement du territoire en partenariat avec les Communautés de communes. Le siège est à Montferrand, au seuil symbolique de Naurouze et à proximité de l'obélisque de Riquet.

Représentation du PETR Lauragais par les Communautés de Communes

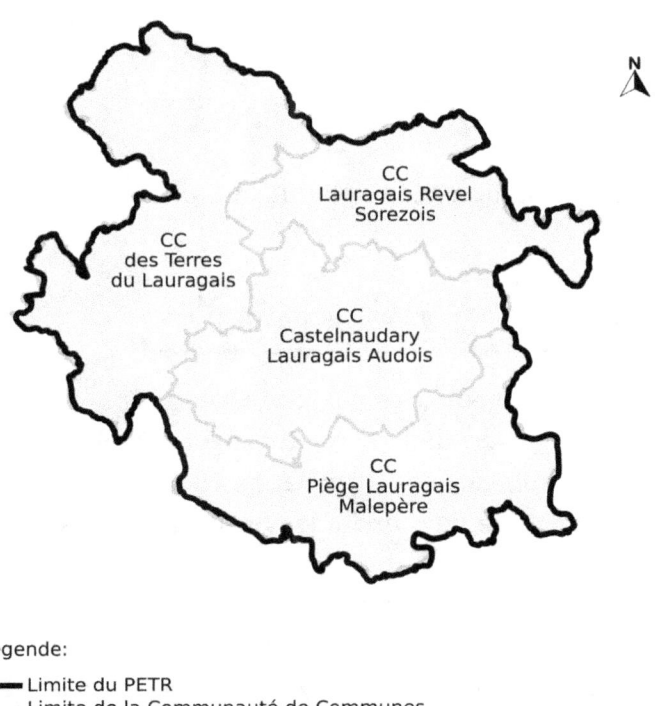

Légende:
▬▬ Limite du PETR
----- Limite de la Communauté de Communes

Sources : Louis Ferries

Figure 3 : Représentation du PETR et des intercommunalités

Le Lauragais est un territoire à cheval sur trois départements : l'Aude, la Haute-Garonne et le Tarn.

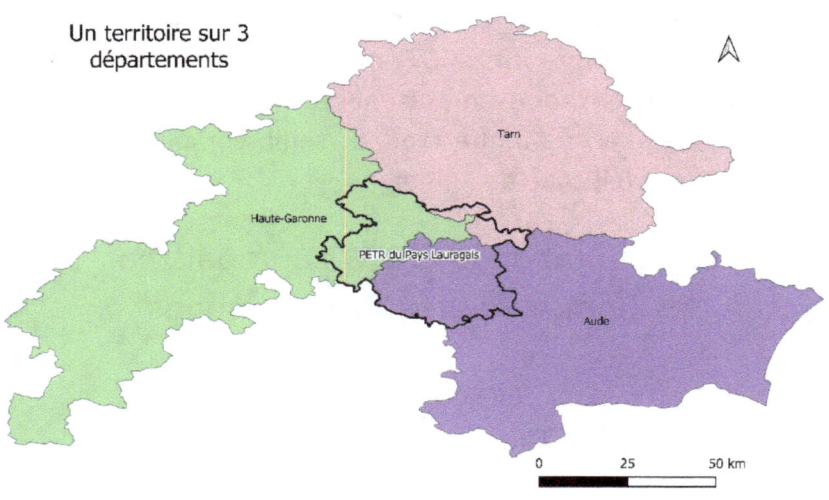

Figure 4 : Situation géographique interdépartementale

L'histoire d'un territoire et de ses peuples

La vallée de l'Hers est un couloir de migrations qui assura la libre circulation des marchandises des pays de l'Italie, du Languedoc et de l'Espagne aux pays aquitains. Le Lauragais était l'ancienne Narbonnaise romaine dont Tolosa était la capitale. Ce pays excita la convoitise des habitants de l'Ile-de-France (croisade contre les Albigeois). L'itinéraire routier Méditerranée-Océan avantageait le commerce de proximité (marchés de plein vent, foires aux bestiaux attirant des maquignons). C'est par la route, que s'effectuaient les échanges par convois entre les merciers Toulousains et les ports italiens : Gênes, Naples et Venise distributeurs, ainsi que les produits en provenance du Levant. Ainsi circulèrent les épices, les soieries, les cuirs et les techniques (tannage, tissage, teinture…).

Le Lauragais est un pays de plein vent. Grâce à cet avantage des moulins à vent furent édifiés pour la fabrication de farine, les moulins à eau eux bénéficiant de la présence de nombreux ruisseaux et rivières.

Dès l'Antiquité, les collines, aux sols plus légers et faciles à travailler, étaient "couvertes de céréales" selon le mot de Jules César. Les fonds de vallées, plus humides et aux sols plus lourds étaient laissés à la forêt qui couvrait de vastes étendus.

L'hérésie cathare s'est particulièrement développée dans la France du midi, mais c'est dans le quadrilatère Toulouse-Albi-Carcassonne-Foix qu'elle a été plus présente. Le mouvement était fort actif dans la région. Dès 1203, le pape Innocent III envoie deux légats auprès du comte de Toulouse Raymond VI pour lui demander de mener une croisade sur ses terres.

Sur place, des moines cisterciens viennent prêcher pour lutter contre l'hérésie, mais leur action reste vaine. Le pape décrète la Croisade contre les Albigeois en 1209.

Au-delà des motifs purement religieux, la croisade se double d'intentions politiques et se fait guerre de conquête au bénéfice des chefs croisés et barons venus du nord du royaume. Au terme de 20 ans de conflits, le Midi languedocien et plus précisément le Lauragais sont radicalement transformés sur le plan politique : les familles nobles locales ayant soutenu ou adhéré à la foi cathare sont éliminées. Les sénéchaussées de Carcassonne et Beaucaire sont rattachées au domaine du roi de France et le comte Raymond VII de Toulouse se soumet au roi (traité de Paris).
Sur le plan religieux, la foi cathare décline lentement à partir du milieu du XIIIe siècle. La fin de la croisade est marquée par l'apparition d'une arme de persuasion et de persécution redoutable : l'Inquisition.

La richesse du Lauragais provient de la culture du pastel, qui en a fait sa renommée et son apogée se situe lors du siècle d'Or entre 1453 à 1553.

Le pastel de l'or bleu

Le pastel, qui peut atteindre 1,5 mètre de haut, aux feuilles lisses et étroites, est une plante « tinctoriale » (teinture bleue). Il contribua un temps à l'essor du commerce international. A cet effet se sont bâties d'immenses fortunes marquant très fortement l'architecture locale (notamment par la construction des châteaux des « princes du pastel », grands commerçants internationaux d'Albi et Toulouse).

La culture de cette plante est une source de grande richesse qui s'exporte dans toute l'Europe. Le Lauragais, a gagné son surnom « Le Pays de Cocagne ».

Figure 4 : Pastel

Une fois que la rosette ou pied de pastel était à maturité, femmes et enfants cueillaient les feuilles à plusieurs reprises.

Cette manne était transportée par charrois vers le hangar de la métairie afin d'être traitée. Ensuite les rosettes étaient broyées dans un moulin pastelier mis en mouvement par traction animale. Après élimination du suc, il fallait retourner cette pâte qui fermentait et la mettre en boule ou coque puis l'installer dans un grand séchoir bien aéré par des ouvertures en demi-lune. Enfin on cassait cette coque de couleur vert foncé au maillet pour obtenir des granules ou « agranat » teinturier qui donnait la teinture bleue, typique du Pastel.

Un territoire actif

Ce pays de Cocagne possède plusieurs industries : industries traditionnelles comme les usines à briques autour de Castelnaudary, le travail du cuivre à Durfort ou les fabriques de meubles à Revel ; industries modernes avec notamment la très dynamique Labège Innopole qui, en une seule décennie, a créé plusieurs milliers d'emplois. Mais la force du Lauragais repose sur son agriculture. Depuis des siècles le Pays du Lauragais produit du blé, tournesol, orge, seigle, pastel ce qui en a fait le deuxième grand grenier de la France.

Un territoire de culture

Du fait de son histoire et de sa géographie, le Lauragais représente un patrimoine matériel et immatériel variés. Le canal du Midi qui le traverse amène de nouvelles voies de circulation et de communication. Il est inscrit au patrimoine mondial de l'humanité par l'UNESCO avec le Bassin de Saint-Ferréol. Les communes de Revel et Saint-Ferréol vous propose de le découvrir grace un musée et des jardins d'une grande beauté.

D'autres sites classés sont visibles dans le Lauragais, des villages typiques (bastides et villages en rond ou « circulades »). Les Bastides furent bâties sur ordre et gérées par des consuls, représentants communautaires. Ce mode d'habitat au style militaire qui apparut dans le Sud-Ouest au 13ème siècle avait plusieurs rôles : garder un lieu précis, regrouper et reloger les populations après les guerres, contrôler les habitants au niveau royal et religieux mais aussi relancer l'économie grâce aux marchés et aux foires. Une bastide était entourée de remparts et de fossés dont l'accès se faisait par deux portes à herse et pont levis.

De nombreuses abbayes et églises d'une architecture remarquable peuplent ce territoire. Région de gastronomie, le Lauragais est une terre de savoir-faire culinaire. Du célèbre Cassoulet de Castelnaudary aux producteurs de la Piège, les cultures et élevages locaux se succèdent. Le Millas (galette de farine de maïs), le Cassoulet glacé, les Alléluias, les Glorias, le Lauragais (cake aux fruits confit et au Grand Marnier), les Anisous et Le Vent d'Autan sont les plats typiques.

La nature en Lauragais

Les bois du pays de Cocagne sont principalement des boisements de chênes pédonculés ou pubescents. Ils sont accompagnés de l'érable champêtre et de l'églantier. En sous-bois, la clématite, le noisetier, l'aubépine, le fusain et le frêne se partagent l'espace. Les pelouses sont dominées par des graminées du type brachypode penné, associées aux genêts d'Espagne, à l'aubépine. C'est au cœur de ces pelouses calcaires que se trouve la majorité des orchidées du Lauragais.

Les peuplements forestiers sur sol acide sont constitués de sorbiers, de chèvrefeuilles, de néfliers, de fougères aigles, de chênes sessiles et de châtaigniers. En lisière forestière, le Robinier faux acacia devient de plus en plus présent tout comme en ripisylve. Les pelouses, quant à elles, voient se développer le ciste à feuille de sauge, le genêt à balais et l'ajonc d'Europe.

La description ne serait pas complète sans évoquer la végétation des milieux humides. Celle-ci est composée de saules, de frênes, d'aulnes glutineux, de peupliers, de sureaux noirs et d'ormes champêtres.

De par sa position centrale entre la Montagne Noire, les Pyrénées et ses mille collines, le territoire attire de nombreuses espèces animales que ce soit en migration, en hivernage ou nidification.

Le vent d'Autan permet, grâce à ses fortes rafales, d'acheminer parfois, des espèces animales inédites et très rares, venant d'horizons différents.

L'avifaune du Lauragais est très diversifiée de par la multitude des biotopes que l'on peut découvrir. La montagne noire est un site de passage migratoire pour les « familles de pigeons » et les rapaces. L'hiver, l'observateur pourra dénicher le tichodrome échelette, l'accenteur alpin ou avoir la chance de tomber sur le passage des niveroles alpines. Durant l'été, les fauvettes passerinettes, pitchous, mélanocéphales ou les pies-grièches seront de la partie. Les retenues d'eaux du Lauragais sont des lieux de halte migratoire. Les observations de plongeons, macreuses, eiders sont possibles en plus de l'avifaune aquatique locale. Les prairies sèches et pelouses abritent les alouettes, pipits, bruants. Au détour d'un fossé ou d'une butte de terre meuble, on peut observer des colonies de guêpiers.

Le Lauragais est un territoire parsemé d'espaces naturels protégés ou de zones d'un intérêt écologique. (Les Zones Naturelles d'Intérêt Ecologique Faunistique et Floristique, les zones Natura 2000, le parc naturel régional du Haut-Languedoc, la Réserve Naturelle Régionale de la confluence Garonne-Ariège et les arrêtés de protection du biotope.).

Biologie des Orchidées

Etymologie

Orchidée, du Latin orchis vient de l'ancien grec *orkhis* qui signifie « testicule ». Cette signification provient de la forme des racines tuberculeuses de certaines espèces, à l'exemple de celles du groupe Ophrys.

Description

Dans l'imaginaire commun, l'orchidée est une plante exotique qui vit dans les forêts luxuriantes des régions tropicales. Mais il existe aussi des orchidées indigènes dans l'ensemble de nos régions tempérées et leur rareté égale leur beauté. Il existe près de 170 espèces d'orchidées sauvages en France.

Les orchidées font parties de la famille des Monocotylédones, c'est-à dire des plantes à bulbes. Une des caractéristiques la plus flagrante de ce type de plante est la symétrie de son appareil floral : 3 sépales pour 3 pétales, deux fois 3 étamines et 3 carpelles.

On distingue 3 types d'organes souterrains chez les orchidées :

- Les tubercules, sont des racines tubérisées munies de radicelles et qui permettent de stocker des nutriments.
- Le rhizome, est une tige souterraine munie parfois de racines, court ou allongé.
- Les pseudobulbes, sont des renflements au-dessus du collet qui jouent le rôle de réservoir de nutriments.

La tige est toujours dressée et non ramifiée. Elle porte à sa base des feuilles nervurées, parallèles le plus souvent. Les feuilles basales sont souvent disposées en rosette. Les feuilles peuvent être maculées, alternées ou opposées en fonction de l'espèce. Les orchidées sont des plantes herbacées vivaces ou pérennes. Elles peuvent vivre plusieurs années.

Elles passent l'hiver sous la forme de leur organe souterrain protégé du froid, ce sont des géophytes. La floraison débute à la base de l'inflorescence sauf pour Orchis singe. L'une des caractéristiques de l'orchidée est son labelle, c'est le pétale central. Il est plus grand et sa forme ainsi que sa couleur sont différentes des pétales latéraux. Il est le support des insectes lors de la pollinisation. Il est le plus souvent muni d'un éperon qui dans certains cas peut contenir du nectar.

Figures 5 & 6 : Morphologie de l'orchidée

Légendes et mythes

Différentes espèces d'orchidées ont été utilisées par le passé. Au Moyen-Âge, elles pouvaient soigner ou calmer certaines maladies. Selon les mythes et légendes, on dit que l'Epipactis helleborine serait un remède contre la crise de goutte. Dans les pays d'Afrique et d'Asie on consomme les tubercules de certaines espèces (Orchis bouffon, Orchis punaise et Cephalantère à longues feuilles). On raconte que, pour qu'un jeune garçon puisse être aimé de sa belle, il devait lui placer à son insu une moitié de tubercule (Orchis bouc) et garder l'autre moitié avec lui. On utilisait la Spiranthe d'automne en bouquets sur les portes pour se protéger de la foudre. Selon des écrits, les orchidées étaient des symboles pour certains peuples. L'Ophrys abeille symbolise le travailleur, l'Ophrys mouche est le symbole de l'erreur et la Platanthère celle de la beauté.

La nutrition de l'orchidée

Les systèmes racinaires de l'orchidée sont en relation symbiotique avec un champignon. Cette relation est bénéfique à l'ensemble des deux parties. Il apporte des éléments minéraux et de l'eau à la plante, qui en échange lui cède des sucres et des facteurs de croissance fournis par le végétal. Pour pouvoir germer, la graine doit impérativement retrouver son partenaire fongique dans le sol. Certaines espèces d'orchidées sont non chlorophylliennes (*Neottia*, *Limodorum*, …), le champignon apporte plus de matières carbonées à la plante car celles-ci ne peuvent en produire, du fait de l'absence de photosynthèse.

La reproduction

Les orchidées se différencient des autres plantes par l'absence de pollen libre. Une grande partie des plantes se font polliniser par le vent, alors que les orchidées sont dépendantes des insectes en général.

Les orchidées utilisent trois méthodes pour attirer les insectes pollinisateurs :

- Le nectar, plus ou moins parfumé.
- Le piège, en France seul le sabot de vénus attire ses pollinisateurs à l'intérieur de son labelle sans les tuer.
- Le leurre visuel ou olfactif : l'orchidée dupe l'insecte en quête de nourriture ou d'un partenaire sexuel par l'apparence et l'odeur de son labelle (forme et phéromones). C'est ainsi que l'on voit l'insecte sur les orchidées tentant de copuler avec la fleur (la pseudocopulation).

Figure 7 : la pseudocopulation

Mais certaines espèces peuvent « s'autoféconder » ou s'auto-polliniser. On dit qu'elles sont autogames.

L'hybridation / Anomalie florale

Les orchidées s'hybrident très souvent. Cela peut mener à de magnifiques individus. On distingue deux types d'hybridation, l'intra générique lorsqu'elles appartiennent au même genre et l'inter générique, lorsque les deux genres sont différents.

Certains hybrides sont fertiles et peuvent produire des populations. Voici certains hybrides présents dans le Lauragais.

Figures 8 & 9 & 10 :   *Anacamptis pyramidalis* X *A. papillonacea* ;
Anacamptis morio X *A. papillonacea* ; *Serapias vomeracea* X *A. papillonacea*

Les anomalies florales sont remarquées par tous les orchidophiles sur le terrain. On les appelle *lusi* en latin. Au sens commun « lusus » qui signifie le divertissement, le jeu ou les ébats amoureux. Il se caractérise par des modifications de l'organisation florale qui sont possibles (double ou triple labelles, absence de labelle, ...) mais aussi des anomalies morphologiques (forme du labelle ou de l'inflorescence elle-même).

L'hypochromie et l'hyperchromie sont des altérations des couleurs de la plante.

L'hypochromie peut mener à un stade ultime d'albinisme, très rare chez les orchidées. Plus rare l'hyperchromie, elle, se caractérise par un accroissement des pigments chez la plante.

Figures 11 & 12 : Grand Orchis papillon hyperchrome ; Orchis à fleurs lâches hypochrome

Les orchidées en Lauragais

Le Lauragais ne compte pas moins de 57 espèces différentes d'orchidées. De la plus commune comme l'Orchis Bouc, à la plus rare comme l'Ophrys bombyle.

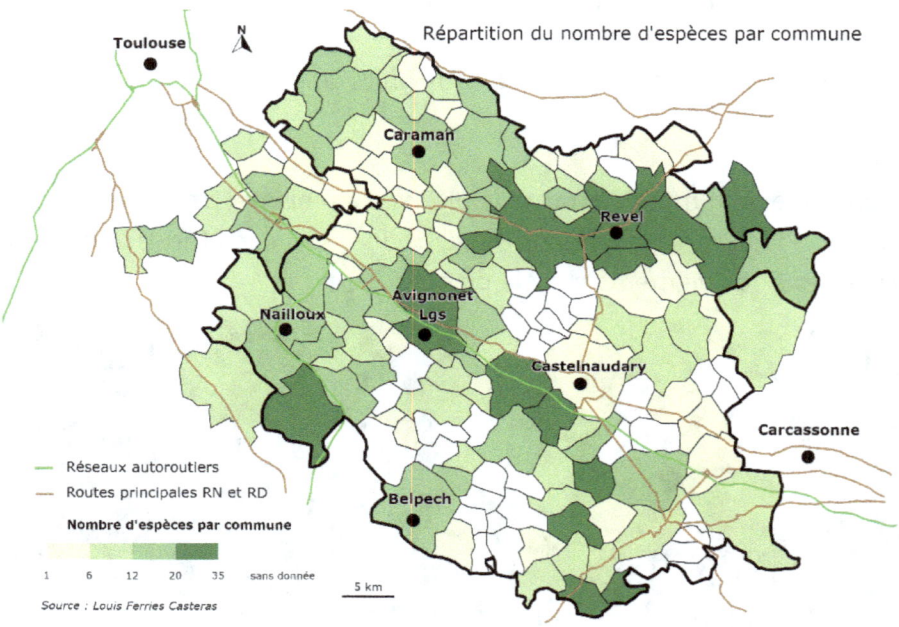

Figure 13 : Carte avec l'ensemble des espèces par commune

Les espèces protégées

On compte sur le Lauragais 9 espèces protégées au niveau national ou régional. Certaines comme *l'Anacamptis papilionacea subsp expansa*, sont assez abondantes par endroit, avec des stations de plusieurs centaines d'individus. Tandis que d'autres comme la *Serapias parviflora* sont beaucoup plus rares avec seulement un ou deux pieds sur la station.

Une des plus grandes menaces pour les orchidées est la disparition de leur habitat (tourbières, prairies humides, marais, prairies de fauche, pelouses sèches...).

Les autres menaces sont l'utilisation intensive d'engrais ou de produits phytosanitaires, le drainage des zones humides et leur arrachage. Cette dernière menace elle est bel et bien présente. En effet, il est interdit de couper, cueillir, d'arracher ou de commercialiser les orchidées qui sont protégées. Cela peut entrainer une forte amende (allant jusqu'à 9 000€) et plusieurs mois d'emprisonnement.

Espèces	Protection régionale	Protection nationale
Anacamptis coriophora subsp fragans		Oui
Ancamptis papilionacea subsp expansa	Oui	
Neotinea lactea	Oui	
Ophrys bombyliflora		Oui
Ophrys catalaunica /magniflora		Oui
Ophrys speculum		Oui
Serapias cordigera	Oui	
Serapias parviflora		Oui
Spiranthes aestivalis		Oui

La localisation des espèces protégées au niveau national ne sera pas communiquée.

La gestion des sites à orchidées

Les mesures de protection comme les arrêtés préfectoraux de protection des biotopes (APPB), les statuts de protection en Natura 2000, les Parcs Naturels Régionaux (PNR), sites classés Ramsar, ... couplés avec des mesures de gestion permettent l'entretien et la protection des sites à orchidées. La conservation des sites passe par la mise en place de fauchages raisonnés, débroussaillages et pâturages extensifs afin de conserver ou restaurer les différents biotopes des orchidées. La collaboration et la concertation est nécessaire entre les propriétaires terriens et les autorités en place.

De plus, la gestion cynégétique est aussi une action prépondérante à la sauvegarde de certains sites. En effet, les sangliers peuvent causer des destructions par le déterrage des orchidées qu'ils affectionnent particulièrement pour leurs bulbes.

Les orchidées sont aussi présentes en pleine ville sur des espaces verts. Le signalement à la mairie, et leur prise en compte permet de protéger certains pieds très rares parfois. De nombreuses municipalités ont inscrit la protection des espèces et la prise en compte de la biodiversité, dans leurs cahiers des charges afin d'avoir une meilleure prise en compte des espaces verts et naturels sur leurs territoire.

Un outil de connaissance et de surveillance

Lancé en 2014 le site collaboratif Orchisauvage permet de partager ses observations et il est ouvert à tous. Il permet d'améliorer la connaissance et ainsi la protection des orchidées et de leurs milieux.
Lien : www.orchisauvages.fr

Plusieurs associations et organismes publics travaillent et proposent des sorties à la découverte des orchidées et de la biodiversité locales. (ANA, SFO, SFO Pyrénées Est, CBN Méditerranéen, CBN Pyrénées, …).

Les espèces à rechercher

La place stratégique du Lauragais lui permet de bénéficier des influences océaniques, méditerranéennes et continentales. C'est un atout pour la diversité des espèces que l'on peut rencontrer sur son territoire.

Beaucoup d'espèces d'orchidées se trouvent dans les communes ou départements alentours sans être encore signalées en Lauragais :

Epipactis atrorubens (09-11 -31), *Epipactis palustris* (09-31 -81), *Ophrys tenthredinifera* (11 -31), *Orchis olbiensis* (11), *Orchis provincialis* (09-11 - 81).

De plus la présence de certaines espèces en faibles effectifs doit nous donner l'envie de chercher d'autres stations qui pourraient se cacher au plus près de chez nous. Il faut rechercher activement tous les sites des espèces suivantes :

Ophrys à grandes fleurs, Ophrys bombyle, Ophrys miroir, Grand Orchis papillon, Orchis parfumé.

Enfin, des observations d'Ophrys des Corbières, Ophrys de Saintonge et Ophrys d'Amonin ont été relevées de manière marginale et doivent être étudiées dans le futur afin de certifier la présence de ces espèces.

Les fiches d'identification des espèces du Lauragais

Orchis parfumé

Anacamptis coriophora subsp fragrans (Linné) R.M. Bateman, Pridgeon & M.W. Chase 1997

DESCRIPTION

- Plante élancée.
- Mesurant de 10 à 40 centimètres de hauteur.
- Les feuilles non maculées sont étroites et linéaires.
- L'inflorescence allongée est composée de fleurs verdâtres et pourpre. Elle dégage une odeur vanillée.
- Les sépales latéraux et les pétales forment un casque nervuré de violet et vert. Le labelle est trilobé avec un lobe médian plus long que les latéraux de couleur variable. Elle porte des taches rouges. L'éperon est plus long que l'ovaire.

FLORAISON

❀ Avril à juin.

HABITAT

- Pleine lumière.
- Sol calcaire sec.
- Prairies, broussailles, garrigues et lisière de bois clair.

Espèce protégée au niveau national

Orchis à fleurs lâches

Anacamptis laxiflora (Lamarck) R.M. Bateman, Pridgeon & M.W. Chase 1997

DESCRIPTION

- Plante élancée.
- Mesurant de 20 à 90 centimètres de hauteur.
- La tige est violette sur le sommet. Les feuilles vertes sont lancéolées et dressées.
- L'inflorescence en épi est très lâche. Elle est de couleur violacée à pourpre
- Les pétales et le sépale dorsal forme un casque. Les sépales latéraux sont dressés. Le labelle est trilobé, le centre est blanc et non tacheté. Il est plié longitudinalement. Les lobes latéraux sont arrondis. L'éperon est en forme de masse et son extrémité est bilobée.

FLORAISON

- Avril à juin.

HABITAT

- Pleine lumière à l'ombre.
- Sol humide à détrempés.
- Prairies humides, bord de ruisseau et talus.

Espèce assez rare

Orchis bouffon

Anacamptis morio (Linné) R.M. Bateman, Pridgeon & M.W. Chase 1997

DESCRIPTION

- Mesurant de 10 à 45 centimètres de haut.
- Les feuilles sont vertes lancéolées.
- Les fleurs présentent un éventail de couleurs allant du lilas au pourpre. Le casque est nervuré de vert.
  - Le labelle est large et replié vers l'arrière. Le centre est clair et moucheté de pourpre. L'éperon est très long et redressé.

FLORAISON

❀ Mars à mai.

HABITAT

- Pleine lumière à la mi-ombre.
- Sol calcaire sec à humide.
- Prairies, talus, bord de route et lisière de bois.

Espèce commune

Grand Orchis Papillon

Anacamptis papilionacea subsp. expansa (Tenore) R.M. Bateman, Pridgeon & M.W. Chase 1997

DESCRIPTION

- Plante robuste.
- Mesurant de 10 à 50 centimètres de hauteur.
- Les feuilles non maculées sont basales et lancéolées.
- L'inflorescence en épi globuleux composée de grandes fleurs rouge-pourpre.
- Les sépales latéraux et les pétales forment un casque nervuré de violet. Le labelle rond est oboval et très étalé de couleur rose clair strié de rose foncé en éventail. Les bords du labelle sont ondulés. Le sommet de la tige est rougeâtre.

FLORAISON

❀ Avril à juin.

HABITAT

- Pleine lumière à la mi-ombre.
- Sol calcaire à humifère.
- Prairies, broussailles, bord de route et pelouses fraiche.

Espèce protégée au niveau régional

Orchis pyramidal

Anacamptis pyramidalis (Linné) L.C.M. Richard 1817

DESCRIPTION

- Plante élancée.
- Mesurant de 20 à 70 centimètres de hauteur.
- Les feuilles vertes sont lancéolées et dressées.
- L'inflorescence est en forme de pyramide conique dense, d'où elle tire son nom. Les fleurs sont du rose clair à foncé.
- Les fleurs possèdent les sépales ovales et écartés. Le sépale central forme un casque avec les pétales. Le labelle est fortement trilobé. Le lobe central est plus long que les petits latéraux.

FLORAISON

❀ Avril à juin.

HABITAT

- Pleine lumière.
- Sol calcaire sec.
- Prairies, broussailles, garrigues, bord de route et lisière de bois

Espèce commune

Cephalanthère à grandes fleurs

Cephalanthera damasonium (Miller) Druce 1906

DESCRIPTION

- Plante robuste.
- Mesurant de 10 à 50 centimètres de hauteur.
- Les feuilles sont ovales, lancéolées et plus large que *Cephalantera longifolia*.
- L'inflorescence est composée de grandes fleurs blanchâtres à jaunâtres qui sont peu ouvertes.
- Les sépales sont ovales, obtus et plus long que le labelle. L'ovaire est de forme tordue.

FLORAISON

❀ Avril à mai.

HABITAT

- De l'ombre à la mi-ombre.
- Sol calcaire.
- Bois clairs de feuillus et conifères.

Espèce assez commune

Cephalanthère à longues feuilles

Cephalanthera longifolia (Linné) K. Fritsch 1888

DESCRIPTION

- Mesurant de 10 à 50 centimètres de haut.
- Les touffes sont composées de feuilles étroites-lancéolées.
- L'inflorescence en épi est constituée de fleurs blanches larges et ouvertes.
- Les sépales sont longs et pointus et entourent le labelle.

FLORAISON

❀ Avril à juin.

HABITAT

- Pleine lumière à la mi-ombre.
- Sol sec et frais.
- Talus, lisière de prairies et bois clairs.

Espèce peu commune

Cephalanthère rouge

Cephalanthera rubra (Linné) L.C.M. Richard 1817

DESCRIPTION

- Mesurant de 20 à 50 centimètres de haut.
- La tige est velue sur la partie haute. Les feuilles sont étroites et lancéolées.
- L'inflorescence lâche est composée de fleurs roses pubescentes très ouvertes.
- Les pétales et sépales sont plus longs que le labelle et pointus.

FLORAISON

 Mai à juin.

HABITAT

- De l'ombre à la mi-ombre.
- Sol calcaire sec.
- Bois clairs, principalement des chênaies.

Espèce peu commune

Orchis grenouille

Coeloglossum viride (Linné) Hartman 1820

DESCRIPTION

- Plante robuste.
- Mesurant de 10 à 30 centimètres de hauteur.
- Les feuilles sont ovales et lancéolées.
- Inflorescence en épi cylindrique long, constituée de fleurs larges et ouvertes.
- Les bractées dépassent les fleurs. Le labelle en forme de langue est de couleur vert-jaune ou brun-rouge, trilobé et rabattu en arrière. L'éperon est petit et nectarifère.

FLORAISON

❀ Fin avril à juin.

HABITAT

- Pleine lumière à la mi-ombre.
- Sol frais ou humide.
- Prairies de fauche, pelouses maigres, clairières et bois clairs

Espèce peu commune

Orchis de Fuchs

Dactylorhiza fuchsii (Druce) Soo 1962

DESCRIPTION

- Plante élancée.
- Mesurant de 20 à 50 centimètres de hauteur.
- Les feuilles sont lancéolées et tachetées.
- Inflorescence en épi conique assez dense, constituée de fleurs rose ou pourpre fuchsia.
- Le labelle profondément trilobé est parsemé de lignes ou tirets fuchsia foncé. Le lobe central est plus long que les latéraux.

FLORAISON

✿ Mai à juin.

HABITAT

- Pleine lumière à la mi-ombre.
- Sol calcaire sec ou humide.
- Prairie sèche, prairie humide, lisière de bois et bois clairs.

Espèce peu commune

Orchis maculé

Dactylorhiza maculata (Linné) Soo 1962

DESCRIPTION

- Plante élancée et robuste.
- Mesurant de 20 à 50 centimètres de hauteur.
- Les feuilles sont lancéolées et tachetées.
- Inflorescence en épi conique dense, constituée de fleurs blanchâtres ou roses.
- Les sépales sont tachetés et rabattues. Le labelle peu trilobé, assez large, est parsemé de lignes ou tirets pourpres. Le lobe central est petit et étroit.

FLORAISON

❀ Fin mai à début juillet.

HABITAT

- Pleine lumière à la mi-ombre.
- Sol humide le plus souvent.
- Prairies de fauche, prairie humide et lisière de bois.

Espèce peu commune

Orchis sureau

Dactylorhiza sambucina (Linné) Soo 1962

DESCRIPTION

- Plante robuste.
- Mesurant de 10 à 30 centimètres de hauteur, tige épaisse.
- Les feuilles vertes sont ovales à lancéolées.
- Inflorescence en épi dense ovoïde rouge ou jaune en fonction des individus.
- Les sépales latéraux sont dressés et nervurés. Le sépale dorsal forme un casque. Le labelle faiblement trilobé est arrondi et parsemé de tirets rougeâtres.

FLORAISON

✿ Avril à mai.

HABITAT

- Pleine lumière.
- Sol calcaire humide.
- Prairies de fauche, lisière de bois clairs.

Espèce rare

Epipactis de la hêtraie

Epipactis fageticola (Hermosilla) J.Devillers-Terschuren & P. Devillers 1999

DESCRIPTION

- Plante grêle et raide.
- Mesurant de 20 à 40 centimètres de haut.
- La tige est glabre ou faiblement pubescente au niveau de l'inflorescence. Les feuilles obovales à lancéolées possèdent des denticules irréguliers sur les bords visibles à l'œil nu. Elles mesurent de 4 à 7 cm.
- L'inflorescence en grappe lâche porte des fleurs de taille moyenne. Elles ont les sépales vert jaunâtre ou blanchâtre et les pétales blanchâtres à la face interne.
- L'hypochile est nectarifère et l'épichile est cordiforme à triangulaire rabattu vers le bas. L'épichile possède deux bourrelets arrondis au niveau de la liaison avec l'hypochile.

FLORAISON

❀ Juin à mi-juillet.

HABITAT

- Pleine ombre à mi-ombre.
- Sol humide à frais.
- Ripisylve et forêt de feuillus.

Espèce rare

Epipactis à larges feuilles

Epipactis helleborine (Linné) Crantz 1769

DESCRIPTION

- Plante robuste.
- Mesurant de 40 à 120 centimètres de hauteur.
- Les feuilles basilaires sont ovales au pied. Les bractées dépassent nettement de l'inflorescence.
- L'inflorescence en épi allongé, est constituée de nombreuses fleurs.
- Les fleurs possèdent des sépales lancéolés étalés vert foncé. Les pétales sont larges, rose et parcourus de nervure verdâtre. Le large labelle porte un hypochile en coupe. L'épichile cordiforme blanc rosé est rabattu en arrière.

FLORAISON

❀ Juin à mi-juillet.

HABITAT

- Pleine ombre à mi-ombre.
- Sol calcaire frais.
- Ripisylve et forêt de feuillus.

Espèce peu commune

Epipactis à petites feuilles

Epipactis microphylla (Ehrhart) Swartz 1800

DESCRIPTION

- Plante grêle.
- Mesurant de 10 à 30 centimètres de hauteur.
- La tige est très poilue, surtout au niveau de l'inflorescence. Les feuilles lancéolées sont petites et verdâtres.
- Les fleurs sont petites verdâtres et pendantes. Elles sont souvent très peu ouvertes.
- Les sépales et pétales sont pubescents vert-grisâtre lavé de pourpre à l'intérieur. Le labelle est blanc à vert avec un hypochile en forme de coupe rose. L'épichile cordiforme à des bords dentelés blanc.

FLORAISON

❀ Mai à fin juin.

HABITAT

- Pleine ombre.
- Sol calcaire frais.
- Bois clairs et forêt plus ou moins dense.

Espèce assez commune

Epipactis du Rhône

Epipactis rhodanensis A. Gevaudan & Robatsch 1990

DESCRIPTION

- Mesurant de 20 à 50 centimètres de haut.
- La tige est pubescente au sommet. Les feuilles distiques sont peu nombreuses et vertes-jaunâtres. Les bractées dépassent nettement de l'inflorescence.
- L'inflorescence en grappe pendante, porte de petites fleurs claires peu à bien ouverte.
- L'épichile est cordiforme à pointe rabattue vers le bas. L'hypochile sombre, contient du nectar. La liaison entre l'épichile et l'hypochile est rose. Les pollinies sont pulvérulentes (poudreux).

FLORAISON

✿ Juin à mi-juillet.

HABITAT

- Pleine ombre à mi-ombre.
- Sol riche en alluvions et frais.
- Ripisylve et forêt de feuillus.

© Lou

Espèce rare

Orchis moucheron

Gymnadenia conopsea (Linné) R. Brown 1813

DESCRIPTION

- Plante élancée avec une tige fine.
- Mesurant de 20 à 60 centimètres de hauteur.
- Les feuilles sont vertes lancéolées.
- Inflorescence en épi cylindrique allongé, constituée de petites fleurs roses à rose-violacé.
- Le casque est formé d'un sépale médian et des pétales. Le labelle est trilobé. Le lobe médian est triangulaire. L'éperon est très long, nettement plus long que l'ovaire et incurvé vers le bas.

FLORAISON

❀ Mai à juin.

HABITAT

- Essentiellement en pleine lumière.
- Sol de substrat calcaire humide à sec.
- Pelouses, prairies humides et bois clairs.

Espèce peu commune

Orchis bouc

Himantoglossum hircinium (Linné) Sprengel 1826

DESCRIPTION

- Grande plante.
- Mesurant de 30 à 100 centimètres de hauteur.
- Les grandes feuilles sont vertes-jaunâtres en rosette. Elles sont visibles toute l'année.
- Inflorescence dense, constituée de petites fleurs qui dégagent une odeur désagréable.
- Les sépales forment un casque vert rayé de pourpre. Le labelle est trilobé de couleur brun violacé, les lobes latéraux sont fins et courbés. Le lobe central, très long (3 à 7cm) est en spirale et ondulé.

© Louis

FLORAISON

❀ Mai à juillet.

HABITAT

- Pleine lumière à mi-ombre.
- Sol sec et calcaire.
- Pelouses, prairies, broussailles, garrigues, talus et lisière de bois clairs.

Espèce très commune

Orchis géant

Himantoglossum robertianum – Barlia robertiana (Loiseleur) P. Delforge
1999

DESCRIPTION

- Plante robuste.
- Mesurant de 20 à 80 centimètres de hauteur.
- Les grandes feuilles charnues sont d'un vert jaunâtre brillant.
- Inflorescence dense, constituée de grandes fleurs rose à violette sous forme d'épi subcylindrique. Elles émettent une odeur d'iris.
- Les sépales et pétales sont courbés vers l'avant et forme un casque de couleur vert à rougeâtre avec des points pourpres. Le labelle est trilobé avec des bordures roses dentelées. Le labelle est de couleur blanc rosé avec des petits trais violets.

FLORAISON

- Février à Mars.
- C'est une des premières orchidées à fleurir dans la région.

HABITAT

- Pleine lumière à mi-ombre.
- Sol sec et calcaire.
- Pelouses, prairies, broussailles, garrigues et bois clairs.

Espèce assez rare

Limodore à feuille avortées

Limodorum abortivum (Linné) O. Swartz 1799

DESCRIPTION

- Mesurant de 20 à 70 centimètres de haut.
- Elle ne possède pas de feuille, mais des pseudo-feuilles sous forme de tige brun-violette sur la tige.
- L'inflorescence est lâche avec de grandes fleurs qui s'épanouisse lentement.
- Les fleurs sont violettes, avec des sépales latéraux très écartés, des pétales assez fins et linéaires. Le labelle est concave, effilé et plus long que l'ovaire.

FLORAISON

❀ Mai à juin.

HABITAT

- Mi-ombre.
- Sol frais calcaire.
- Broussailles, talus et en lisière de bois clairs.

Espèce peu commune

46

Orchis couleur de lait

Neotinea lactea (Poiret) R.M. Bateman, Pridgeon & M.W. Chase 1997

DESCRIPTION

- Plante robuste.
- Mesurant de 10 à 25 centimètres de hauteur.
- Les feuilles lancéolées sont glauques, non maculées et vertes.
- L'inflorescence ovale est très dense. Les fleurs ont les sépales et pétales regroupés en casque. Elles sont blanches à rosées nervées de vert à l'extérieur.
- Le labelle trilobé est moucheté de pourpre sur fond blanc. Les lobes latéraux sont plus étroits que le médian. Les bords du labelle sont dentelés.

© Loui

FLORAISON

❀ Fin mars à mai.

HABITAT

- Pleine lumière à la mi-ombre.
- Sol calcaire frais.
- Pelouses, broussailles et bois clairs.

Espèce protégée au niveau régional

Orchis intact ou maculé

Neotinea maculata (Desfontaines) Stearn 1974

DESCRIPTION

- Plante grêle.
- Mesurant de 10 à 30 centimètres de hauteur.
- Les feuilles peuvent être maculées et sont étalées à la base puis engainantes sur la tige.
- L'inflorescence est dense avec des fleurs très petites. Les fleurs vont du blanc au rose. Elles sont peu ouvertes et pendantes vers le bas.
- Les sépales et pétales regroupés en casque. Le labelle trilobé a le lobe central plus long et plus large que les latéraux. Les fleurs sont mouchetées de pourpre.

FLORAISON

✿ Avril à mai.

HABITAT

- Pleine lumière à la mi-ombre.
- Sol calcaire.
- Broussailles, talus et bois clairs.

Espèce très rare

Orchis brûlé

Neotinea ustulata (Linné) R.M. Bateman, Pridgeon & M.W. Chase 1997

DESCRIPTION

- Plante robuste.
- Mesurant de 10 à 30 centimètres de hauteur.
- Les feuilles sont oblongues et lancéolées.
- L'inflorescence en épi très dense est parfumée. Le sommet de l'inflorescence à un aspect brûlé (brun-pourpre).
- Les petites fleurs ont un labelle blanc tacheté de pourpre et nettement trilobé. Le lobe médian est échancré, les latéraux quant à eux sont arrondis et étalés.

FLORAISON

- Avril à mai.

HABITAT

- Pleine lumière.
- Sol calcaire sec ou frais.
- Prairies de fauche et pelouses.

Espèce assez commune

Néottie nid d'oiseau

Neottia nidus-avis (Linné) L.C.M. Richard 1817

DESCRIPTION

- Plante beige-brune.
- Mesurant de 15 à 40 centimètres de hauteur.
- Elle est totalement dépourvue de chlorophylle. Les feuilles sont des bractées engainant la tige.
- L'inflorescence en épi dense. Les sépales et pétales forment un casque.
- Le labelle se divise en deux lobes.

FLORAISON

❀ Mai à juin.

HABITAT

- Pleine ombre.
- Sol alcalin frais et profond.
- Bois de feuillus et conifères.

© Louis

Espèce peu commune

Listère ovale

Neottia ovata (Linné) Bluff & Fingerhuth 1837

DESCRIPTION

- Plante robuste.
- Mesurant de 20 à 50 centimètres de hauteur.
- Les feuilles ovales sont larges et opposées.
- L'inflorescence est lâche et dense vers le sommet. Les fleurs sont petites et nombreuses.
- Les sépales et pétales forment un casque ouvert et vert. Le labelle long est bilobé et pendant. Il est genouillé et sans éperon.

FLORAISON

❀ Mai à juillet.

HABITAT

- Pleine ombre à mi-ombre.
- Sol calcaire frais ou humide.
- Broussailles, lisières et bois clair.

Espèce assez commune

Ophrys du Gers

Ophrys aegirtica P. Delforge 1996

DESCRIPTION

- Plante élancée.
- Mesurant de 15 à 40 centimètres de haut.
- Les grandes fleurs possèdent des sépales latéraux à fortes nervures médianes vertes et de couleur rouge-violacé. Le sépale dorsal est rabattu en arrière. Les pétales violacés sont triangulaires et velus. Les pseudo-yeux noirs sont échancrés. L'appendice est large, tridenté et dressé vers l'avant.
- Le labelle grand et large, est de couleur brun et possède deux gibbosités assez aigües. Le champ basal est rouge-rouille. La macule est en forme de « H » ou « X ».

FLORAISON

- Mai à juillet.

HABITAT

- Pleine lumière à la mi-ombre.
- Sol calcaire sec.
- Pelouses, prairies, broussailles, talus et lisière de bois clair.

Espèce très rare

Ophrys abeille

Ophrys apifera Hudson 1762

DESCRIPTION

- Plante robuste.
- Mesurant de 15 à 50 centimètres de haut.
- Les bractées vertes dépassent les grandes fleurs. Elles possèdent des sépales ovales blanc à pourpre et avec des nervures vertes. Les pétales jaunâtres ou rosâtres sont velus. L'appendice est replié sous le labelle.
- Le labelle trilobé brun-rougeâtre porte une macule variée en forme de « H » et avec deux points dessous. Les lobes sont courts et en forme de bras velus dressés. Le lobe médian est arrondi et globuleux.

FLORAISON

❀ Mai à fin juin.

HABITAT

- Pleine lumière à la mi-ombre.
- Tout type de substrat.
- Pelouses, prairies, broussailles, talus et garrigues.

Espèce très commune

Ophrys litigieux

Ophrys araneola Reichenbach 1831

DESCRIPTION

- Plante robuste.
- Mesurant de 15 à 40 centimètres de haut.
- L'inflorescence assez dense est composée de petites fleurs aux sépales lancéolés vert-jaunâtres. Les pétales lancéolés sont plus larges que les sépales et glabres. Les pseudo-yeux sont peu contrastés.
- Le petit labelle est muni d'une marge jaune nette. Il est entier et rarement trilobé. Le sépale du milieu est plus long que le labelle si on le courbe vers l'avant. Le champ basal est uniforme au labelle.

FLORAISON

- ✿ Mars à mai.

HABITAT

- Pleine lumière à la mi-ombre.
- Sol calcaire sec ou frais.
- Pelouses, prairies, broussailles, talus et lisière de bois clair.

Espèce peu commune

Ophrys bombyle

Ophrys bombyliflora Link 1800

DESCRIPTION

- Plante robuste.
- Mesurant de 5 à 20 centimètres de haut.
- Les petites fleurs peu nombreuses sont larges et peu hautes. Les grands sépales concaves sont verts et arrondis. Les pétales triangulaires sont très courts. Ils sont verts au sommet et sombre sur leurs bases. L'appendice est rabattu vers l'arrière.
- Le labelle arrondi, bombé est brun et trilobé. Les lobes sont velus et les gibbosités sont très prononcées. La macule est assez floue et plus claire (bleuâtre) que le lobe médian.

FLORAISON

☀ Avril à mai.

HABITAT

- Pleine lumière à la mi-ombre.
- Sol calcaire sec.
- Pelouses, prairies, garrigues et broussailles.

Espèce très rare et protégée au niveau national

Ophrys de Catalogne

Ophrys catalaunica O. Danesch & E. Danesch 1972

DESCRIPTION

- Plante élancée.
- Mesurant de 15 à 40 centimètres de haut.
- L'inflorescence lâche est composée de sépales roses à pourpre possède une nervure médiane verte. Le sépale dorsal est arqué vers l'avant. Les pétales sont plus foncés que les sépales. L'appendice est petit et dirigé vers l'avant. Le labelle entier est brun-rougeâtre avec une forte pilosité sur les bords.
- Elle se différencie de l'*Ophrys magniflora* en plusieurs points :
  - Les pétales sont plus larges et sinueux.
  - La macule est en forme de « H ».
  - Les fleurs ont une apparence d'Ophrys de Mars.

FLORAISON

❀ Fin avril à fin mai.

HABITAT

- Pleine lumière à la mi-ombre.
- Sol calcaire sec.
- Pelouses, prairies et broussailles.

Espèce très rare et protégée au niveau national

Ophrys de Mars

Ophrys exaltata subsp marzuola ou Ophrys occidentalis P. Geniez, F. Melki & R. Soca 2002

DESCRIPTION

- Plante grêle.
- Mesurant de 10 à 30 centimètres de haut.
- Les petites fleurs possèdent des sépales ovales lancéolés vert ou parfois rosé. Les pétales lancéolés sont verts teintés de brun rougeâtres et les bords faiblement ondulés. Les pseudo-yeux sont verdâtres. L'appendice est très petit.
- Le labelle entier possède une pilosité sur les bords et parfois une marge jaune fine. Les gibbosités sont peu visibles de manière générale. Le champ basal est de la même couleur que le labelle. La macule gris bleue est en forme de « H » ou « X ».

FLORAISON

❀ Fin février à mi-avril.

HABITAT

- Pleine lumière à la mi-ombre.
- Sol calcaire sec.
- Pelouses, prairies, broussailles, garrigues et lisière de bois clair.

Espèce commune

57

Ophrys noir

Ophrys incubacea Bianca 1842

DESCRIPTION

- Mesurant de 15 à 40 centimètres de haut.
- Les grandes fleurs possèdent des sépales ovales-lancéolés verts, leurs extrémités sont pointues. Les pétales sont plus foncés et teintés de brun rouge.
- Le labelle est très sombre et bombé. Il possède une forte pilosité sur les bords. Les gibbosités sont fortes et forment des bras. La macule est en forme de « H ».

FLORAISON

✿ Mai à mai.

HABITAT

- Pleine lumière à la mi-ombre.
- Sol calcaire sec.
- Pelouses, prairies, broussailles et lisière de bois clair.

Espèce assez rare

Ophrys mouche

Ophrys insectifera Linné 1753

DESCRIPTION

- Plante grêle.
- Mesurant de 15 à 70 centimètres de haut.
- Les feuilles sont lancéolées. L'inflorescence est allongée et lâche. Les sépales oblongs sont verts. Les pétales bruns sont filiformes comme des antennes d'insectes. Les pseudo-yeux noirs sont au sommet du labelle.
- Le labelle brun-pourpre est long et trilobé. Les lobes latéraux sont en forme de bras et divergent. Le lobe central est divisé en lobes aux bords plus clairs que le labelle. La macule est bleuâtre.

FLORAISON

✿ Avril à juin.

HABITAT

- Pleine lumière à l'ombre.
- Sol calcaire sec.
- Prairies, broussailles, talus et lisière de bois clair.

Espèce peu commune

Ophrys fusca

Ophrys lupercalis Link 1800

DESCRIPTION

- Inflorescence lâche.
- Mesurant de 10 à 35 centimètres de haut.
- Les grandes fleurs possèdent des sépales verdâtres. Le sépale dorsal est rabattu en arrière et les deux latéraux sont étalés. Les pétales crénelés ont une bande marron au centre.
- Le labelle velu est trilobé et légèrement convexe. Il est de couleur brun foncé au bord jaune. Le lobe central est bilobé. Les latéraux sont rabattus vers le bas. La macule est de couleur bleuâtre et rougeâtre vers le sommet.

FLORAISON

❀ Fin février à avril.

HABITAT

- Pleine lumière à la mi-ombre.
- Sol calcaire sec.
- Pelouses, prairies, broussailles, talus et lisière de bois clair.

Espèce assez commune

Ophrys jaune

Ophrys lutea Cavanilles 1753

DESCRIPTION

- Plante robuste.
- Mesurant de 10 à 30 centimètres de haut.
- L'inflorescence lâche possède des fleurs aux sépales ovales concaves et verts. Le sépale dorsal est recourbé. Les pétales dirigés vers l'avant sont vert-jaunâtres.
- Le labelle trilobé est jaune et velu. Le centre du labelle est marron avec des taches bleuâtres. Les lobes latéraux arrondis. Le lobe médian est échancré.

FLORAISON

✿ Mars à mai.

HABITAT

- Pleine lumière à la mi-ombre.
- Sol calcaire sec.
- Pelouses, prairies, broussailles, garrigues et lisière de bois clair.

Espèce peu commune

Ophrys à grandes fleurs

Ophrys magniflora P. Geniez & F. Melki 1992

DESCRIPTION

- Plante élancée.
- Mesurant de 15 à 40 centimètres de haut.
- L'inflorescence lâche est composée de grandes fleurs. Les sépales roses à pourpre possèdent une nervure médiane verte. Le sépale dorsal est arqué vers l'avant. Les pétales sont plus foncés que les sépales. L'appendice est petit et dirigé vers l'avant.
- Le labelle entier est brun-rougeâtre avec une forte pilosité sur les bords. La macule est au centre du labelle forme un écusson, rarement rattaché à la base du labelle.

FLORAISON

✿ Fin avril à fin mai.

HABITAT

- Pleine lumière à la mi-ombre.
- Sol calcaire sec.
- Pelouses, prairies et broussailles.

Espèce très rare et protégée au niveau national

Ophrys de Marseille

Ophrys massiliensis Viglione & Véla 1999

DESCRIPTION

- Plante grêle.
- Mesurant de 10 à 40 centimètres de haut.
- L'inflorescence lâche possède des sépales lancéolés verts à jaunâtres. Les pétales ont les bords sinueux et plus sombre. L'appendice est absent ou réduit.
- Le labelle entier est muni d'une pilosité marginale sur les bords. Une marge jaune est souvent visible autour du labelle. Le champ basal est rouge-rouille ou orange. La macule est en forme de « H ».
- Floraison plus précoce que l'*Ophrys sphegodes*.

FLORAISON

❀ Février à fin mars.

HABITAT

- Pleine lumière.
- Sol calcaire sec ou humide.
- Pelouses, prairies, broussailles et lisière de bois clair.

Espèce peu commune

Ophrys de la passion

Ophrys passionis Sennen 1926

DESCRIPTION

- Plante robuste.
- Mesurant de 15 à 40 centimètres de haut.
- Les grandes fleurs sombres présentent un net rétrécissement à la base du labelle et de la cavité stigmatique. Les sépales sont verts et lancéolés. Le sépale dorsal est plus étroit. Les pétales sinueux sont verts-brunâtre. L'appendice est petit ou inexistant.
- Le labelle brun foncé possède des bords poilus parfois jaunes ou rouges. Il est entier et faiblement trilobé. Le champ basal est sombre et court. Les gibbosités sont faibles et la macule est en forme de « H ».

FLORAISON

❀ Fin mars à mai.

HABITAT

- Pleine lumière à la mi-ombre.
- Sol calcaire sec à frais.
- Pelouses, prairies, broussailles et lisière de bois clair.

Espèce peu commune

Ophrys peint

Ophrys picta Link 1800

DESCRIPTION

- Elle se différencie de l'Ophrys bécasse en plusieurs points :
  - L'inflorescence est lâche.
  - Les fleurs sont plus petites.
  - Les pétales sont filiformes et enroulés sur eux-mêmes.
  - La cavité stigmatique est plus grande par rapport au labelle. La couleur du champ basal est plus foncée.
  - Le labelle possède une macule plus complexe.
  - Floraison plus tardive.

FLORAISON

- Mai à fin juin.

HABITAT

- Pleine lumière à la mi-ombre.
- Sol calcaire sec.
- Pelouses, prairies, broussailles, talus et lisière de bois clair.

Espèce très rare

Ophrys bécasse

Ophrys scolopax Cavanilles 1793

DESCRIPTION

- Plante élancée.
- Mesurant de 15 à 40 centimètres de haut.
- Les fleurs possèdent des sépales ovales violacées, roses ou blanc avec une nervure centrale verte. Les pétales de même couleur ou plus foncés sont triangulaires allongés. L'appendice est vert-jaunâtre et replié vers l'avant.
- Le long labelle est trilobé. Les lobes latéraux sont coniques et pointus vers l'avant. Ils sont marrons et velus. Le lobe médian est allongé bomber et les bords sont rabattus par-dessous. Le macule en « H » ou « X » est variable et se termine parfois par deux points.

FLORAISON

❀ Mars à mai.

HABITAT

- Pleine lumière à la mi-ombre.
- Sol calcaire sec ou humide.
- Pelouses, prairies, broussailles, talus et garrigues.

Espèce commune

Ophrys miroir

Ophrys speculum Link 1800

DESCRIPTION

- Plante robuste.
- Mesurant de 10 à 30 centimètres de haut.
- Les fleurs possèdent des sépales latéraux étalés verts avec une nervure médiane brune. Le sépale dorsal est recourbé. Les pétales courts sont triangulaires et bruns.
- Le labelle est trilobé avec des bordures velues. Le centre du lobe médian présente une macule bleu miroir glabre. La macule est bordée de jaune qui s'étend jusqu'aux lobes latéraux divergents.

FLORAISON

- Avril à mai.

HABITAT

- Pleine lumière.
- Sol calcaire sec.
- Pelouses, prairies et garrigues.

Espèce très rare et protégée au niveau national

Ophrys araignée

Ophrys sphegodes Miller 1768

DESCRIPTION

- Plante robuste
- Mesurant de 15 à 40 centimètres de haut.
- L'inflorescence lâche possède des sépales lancéolés verts. Les longs pétales jaunâtres-verts ou rougeâtres ont les bords ondulés. L'appendice est petit.
- Le labelle brun possède une pilosité sur les bords et une marge jaune-verdâtre. Les gibbosités sont petites. Le champ basal est rouge-rouille et plus clair que le labelle. La macule bleue est en forme de « H ».

FLORAISON

- Avril à juin.

HABITAT

- Pleine lumière à la mi-ombre.
- Sol calcaire sec ou humide.
- Pelouses, prairies, broussailles, garrigues et lisière de bois clair.

Espèce commune

Ophrys sillonné

Ophrys sulcata P. Devillers & J. Devillers-Terschuren 1994

DESCRIPTION

- Mesurant de 10 à 30 centimètres de haut.
- Les petites fleurs possèdent des sépales verts et ovales. Le sépale dorsal est rabattu en avant. Les pétales sont vert-jaunâtres et aux bords brunâtres parfois.
- Le labelle trilobé est peu découpé. Il possède une marge claire sur le contour. Le lobe médian est arrondi. Un profond sillon clair, avec de la pilosité est creusé au sommet du labelle. La macule est bleu grisâtre.

FLORAISON

❀ Avril à juin.

HABITAT

- Pleine lumière.
- Sol calcaire sec ou humide.
- Pelouses, prairies et garrigues.

Espèce peu commune

Ophrys de Gascogne

Ophrys vasconica P. Delforge 1991

DESCRIPTION

- Plante élancée.
- Mesurant de 10 à 30 centimètres de haut.
- Les sépales latéraux ovales et étalés sont verts. Le sépale dorsal est rabattu en avant. Les pétales étalés sont vert-jaunâtre à brun et ondulés.
- Le labelle trilobé est peu convexe et pendant. Il possède une forte pilosité. Les lobes latéraux sont rabattus en arrière. Il est brun-violacé avec une macule en forme d'oméga blanchâtre. Le sillon longitudinal est court et peu profond.

FLORAISON

❀ Avril à juin.

HABITAT

- Pleine lumière à la mi-ombre.
- Sol calcaire sec.
- Pelouses, prairies, garrigues et talus.

Espèce rare

Orchis homme-pendu

Orchis anthropophora Linné Allioni 1785

DESCRIPTION

- Mesurant de 10 à 40 centimètres de hauteur.
- Les feuilles oblongues sont lancéolées et nervurées.
- L'inflorescence en épi dense, est constituée de nombreuses fleurs jaunes verdâtres.
- Le casque est veiné de brun-pourpre. Le labelle est jaune-orangé et nettement trilobé. L'ensemble de chaque fleur rappelle un homme-pendu, d'où son nom. Les lobes médians, plus court que le principal, rappel les bras.

FLORAISON

❀ Avril à juin.

HABITAT

- Pleine lumière à la mi-ombre.
- Sol calcaire sec.
- Broussailles, talus et prairies.

Espèce commune

Orchis mâle

Orchis mascula Linné 1755

DESCRIPTION

- Mesurant de 20 à 50 centimètres de haut.
- Les feuilles lancéolées sont souvent tachetées.
- L'inflorescence en épi est dense de couleur rouge-pourpre.
- Les sépales latéraux sont redressés de part et d'autre du casque. Le labelle trilobé est pâle et tacheté vers le centre. Les lobes sont repliés vers l'arrière. L'éperon est horizontal ou redressé en massue.

FLORAISON

❀ Avril à juin.

HABITAT

- Pleine lumière à la mi-ombre.
- Sol acide ou calcaire.
- Prairie sèche ou humide, talus et bois clair.

Espèce assez commune

72

Orchis militaire

Orchis militaris Linné 1753

DESCRIPTION

- Plante robuste.
- Mesurant de 20 à 50 centimètres de hauteur.
- Les feuilles basilaires sont lancéolées.
- L'inflorescence en épi, est constituée de nombreuses fleurs rose-lilas.
- Les fleurs possèdent un casque pointu veiné de pourpre à l'intérieur et pâle à l'extérieur. Le labelle trilobé en forme d'homme est rose pâle à violet avec des points de pourpre foncés. L'éperon est dirigé vers le bas.

FLORAISON

 Avril à juin.

HABITAT

- Pleine lumière.
- Sol calcaire sec à frais.
- Prairie et lisière de bois.

Espèce assez commune

Orchis pourpre

Orchis purpurea Hudson 1762

DESCRIPTION

- Plante robuste.
- Mesurant de 20 à 90 centimètres de hauteur.
- Les feuilles sont vertes et très larges.
- L'inflorescence en épi dense est composée de grosses fleurs.
- Les fleurs possèdent des casques ovales veinés pourpre à l'extérieur et vert-pourpré à l'intérieur. Le labelle trilobé rose clair en fond parsemé de taches pourpres, en forme d'homme. Le lobe central est beaucoup plus grand que les petits latéraux.

FLORAISON

❀ Avril à juin.

HABITAT

- Pleine lumière à l'ombre.
- Tout type de substrat.
- Prairies, bord de route et lisière de bois.

Espèce commune

Orchis singe

Orchis simia Lamarck 1779

DESCRIPTION

- Mesurant de 20 à 50 centimètres de haut.
- Les feuilles vertes sont larges et lancéolées.
- L'inflorescence est en épi dense et la floraison se fait du haut vers le bas.
- Les fleurs possèdent des casques pointus roses pâle moucheté de pourpre. Le labelle trilobé est très étroit, de couleur blanc tacheté de pourpre, en forme de singe. L'éperon clair est dirigé vers le bas.

FLORAISON

❀ Mars à avril.

HABITAT

- Pleine lumière à l'ombre.
- Sol neutre à calcaire.
- Prairies, bord de route et lisière de bois.

Espèce rare

Platanthère à deux feuilles

Platanthera bifolia (Linné) L.C.M. Richard 1817

DESCRIPTION

- Plante grêle.
- Mesurant de 15 à 50 centimètres de hauteur.
- Les fleurs sont plus blanches que *Platanthera chlorantha*.
- Inflorescence assez dense, constituée de grandes fleurs blanches et vertes. Elles sont assez odorantes surtout la nuit. La tige est cannelée.
- Les loges polliniques sont parallèles et rapprochées.
- La rosette est formée de deux feuilles à la base.

FLORAISON

❀ Mai à juin. Deux semaines après *Platantera chlorantha*.

HABITAT

- Elle est présente sur une grande diversité d'habitats.
- Prairies, broussailles et lisière de bois clairs.

Espèce peu commune

Platanthère verte

Platanthera chlorantha (Custer) Reichenbach 1829

DESCRIPTION

- Plante robuste.
- Mesurant de 20 à 80 centimètres de hauteur.
- Les grandes feuilles ovales sont d'un vert brillant.
- Inflorescence dense, constituée de grandes fleurs blanches-verdâtres.
- Le labelle est long et courbé de couleurs verdâtre et plus clair vers sa base. L'éperon est long et courbé. Les loges polliniques sont très écartées à la base et divergentes.

FLORAISON

❀ Mai à juin.

HABITAT

- De l'ombre à la pleine lumière.
- Sols secs à humides.
- Pelouses, prairies, broussailles et bois clairs.

Espèce peu commune

Sérapias en cœur

Serapias cordigera Linné 1763

DESCRIPTION

- Plante grêle.
- Mesurant de 15 à 40 centimètres de hauteur.
- Les feuilles sont lancéolées et mouchetées à sa base.
- Inflorescence dense, foncée, constituée de grandes fleurs au labelle cordiforme.
- Le casque est de couleur gris clair avec des nervures pourpres. Les bractées sont plus courtes que le casque. Le labelle est de couleur rouge intense, large et poilu. Il présente un épichile qui rappelle la forme d'un cœur. L'hypochile légèrement plus large que le casque.

FLORAISON

❀ Avril à mai.

HABITAT

- Pleine lumière à la mi-ombre.
- Sol frais ou humide.
- Prairies de fauche, broussailles, clairières, anciennes cultures et bois clairs.

Espèce protégée au niveau national

Sérapias en langue

Serapias lingua Linné 1753

DESCRIPTION

- Plante grêle.
- Mesurant de 10 à 30 centimètres de hauteur
- Elle pousse souvent sous forme de groupes.
- Inflorescence en épi lâche, constituée de petites fleurs roses à violettes.
- Le casque est de couleur gris-violacé avec des nervures pourpres. Les bractées sont plus courtes que le casque. Le labelle est de couleur rose-rouge (rarement blanc). Il présente un épichile lancéolé pendant et parfois recourbé en arrière. L'hypochile est concave, plus clair en son centre et les lobes latéraux sont plus foncés.

FLORAISON

- Avril à juin.

HABITAT

- Pleine lumière à la mi-ombre.
- Indifférente au type de sol.
- Pelouses, prairies, broussailles, garrigues, prairies humides et bois

Espèce assez commune

Sérapias à petites fleurs

Serapias parviflora Parlatore 1837

DESCRIPTION

- Plante fine et élancée.
- Mesurant de 10 à 30 centimètres de hauteur.
- Inflorescence dense en épi allongé, constituée de très petites fleurs.
- Le casque est de couleur gris-vert à violacé avec des nervures pourpres. Les bractées sont courtes et atteignent à peine le casque. Le labelle est de couleur rose-rouge ou jaune (rarement blanc). Il présente une pilosité courte au niveau de l'hypochile. L'épichile est petite et courte. L'hypochile est lancéolé, arqué et rabattu en arrière.

FLORAISON

❀ Avril à mai.

HABITAT

- Pleine lumière à la mi-ombre.
- Sol basique à faiblement acide.
- Pelouses humides, prairies, friches, broussailles, garrigues et bois clairs.

Espèce protégée au niveau national

Sérapias à long labelle

Serapias vomeracea (NL. Burman) Briquet 1910

DESCRIPTION

- Plante robuste.
- Mesurant de 20 à 60 centimètres de hauteur.
- Les feuilles sont lancéolées en arque ou dressées.
- Inflorescence en épis dense, constituée de grandes fleurs brun-rougeâtre.
- Le casque est de couleur gris-rose pointu avec des nervures pourpres. Les bractées sont plus grandes que le casque. Le labelle est de couleur rougeâtre (rarement blanc). Il présente un épichile lancéolé pendant et parfois recourbé en arrière. Le labelle est très poilu jusqu'à son centre.

FLORAISON

❀ Avril à juin.

HABITAT

- Pleine lumière à la mi-ombre.
- Sol sec ou humide et calcaire.
- Pelouses, prairies, broussailles, garrigues, talus et bois clairs.

Espèce commune

Spiranthe d'été

Spiranthes aestivalis (Poiret) L.C.M. Richard 1817

DESCRIPTION

- Plante grêle.
- Mesurant de 10 à 30 centimètres de hauteur.
- Tige verte couverte de duvet
- Les feuilles vertes sont linéaires-lancéolées entourant la tige.
- Inflorescence lâche, spiralée et porte des petites fleurs blanches, peu odorantes.
- Le périanthe est en forme de tube campanulé. Les sépales et les pétales sont allongés. Le labelle est concave et plus long que le périanthe.

FLORAISON

❀ Juin à juillet.

HABITAT

- Pleine lumière.
- Sol calcaires humides.
- Tourbières, landes humides, marais à sphaignes et bords des petits cours d'eau.

Espèce protégée au niveau national

Spiranthe d'automne

Spiranthes spiralis (Linné) Chevalier 1827

DESCRIPTION

- Plante grêle.
- Mesurant de 6 à 30 centimètres de hauteur.
- Tige verte couverte de duvet
- Les feuilles basales en rosette se fanent avant la floraison. Celles observées sont celles de l'année suivante.
- Inflorescence lâche, hélicoïdale et porte jusqu'à 30 fleurs. Les fleurs sont très petites et d'un blanc-verdâtre. Elles sont parfumées.
- Le sépale dorsal, les pétales et le labelle forment un tube campanulé étroit. Les sépales latéraux sont eux étalés.

FLORAISON

- ❁ Septembre à octobre.
- ❁ C'est la dernière orchidée de la région à fleurir

HABITAT

- Pleine lumière.
- Sol sec mais humide en hiver.
- Pelouses rases, prairies, friches, garrigues et pinèdes claires.

Espèce assez commune

Les

cartes

de

répartition

des

espèces

Carte des communes du Lauragais et du PETR Lauragais

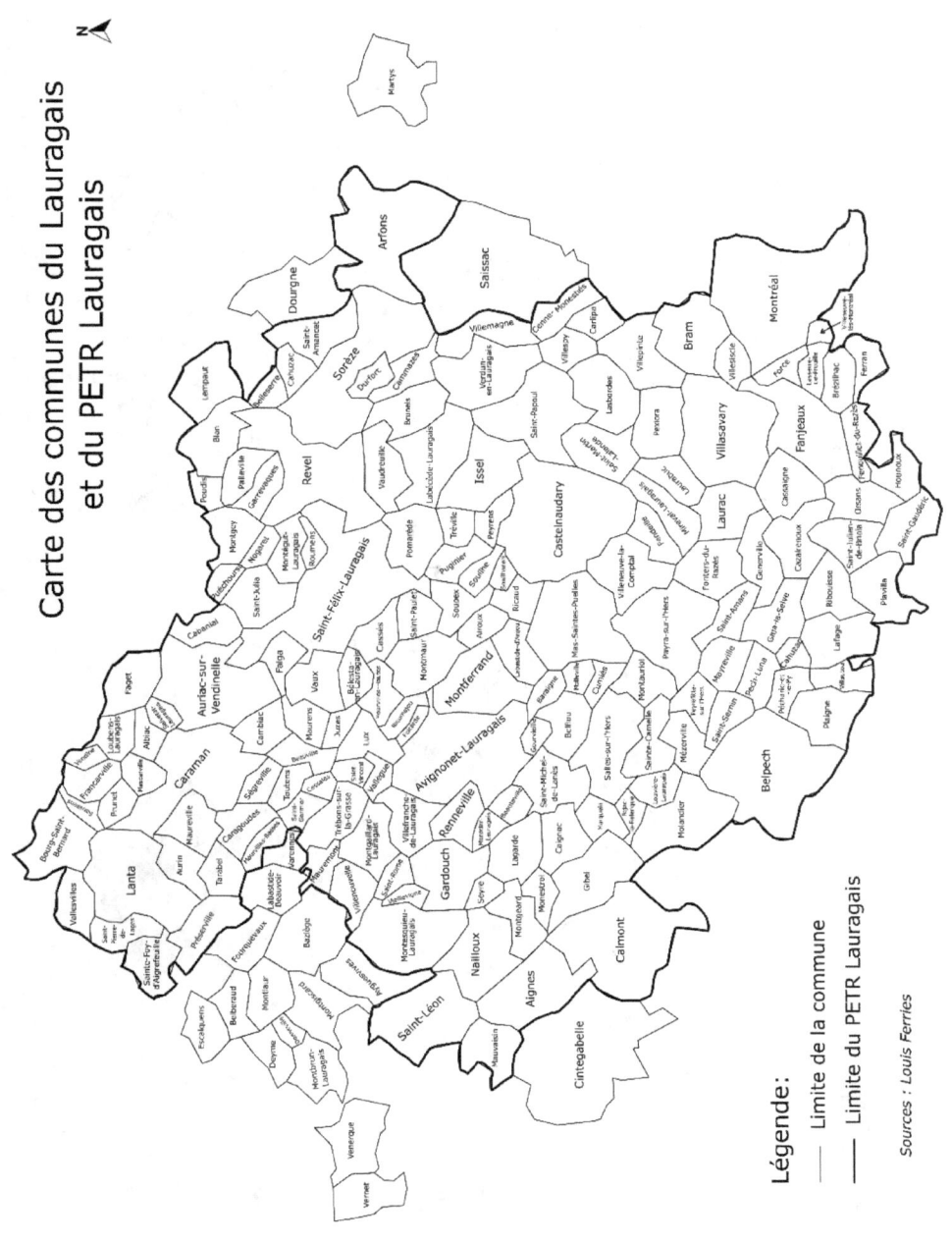

Légende:

— Limite de la commune

— Limite du PETR Lauragais

Sources : Louis Ferries

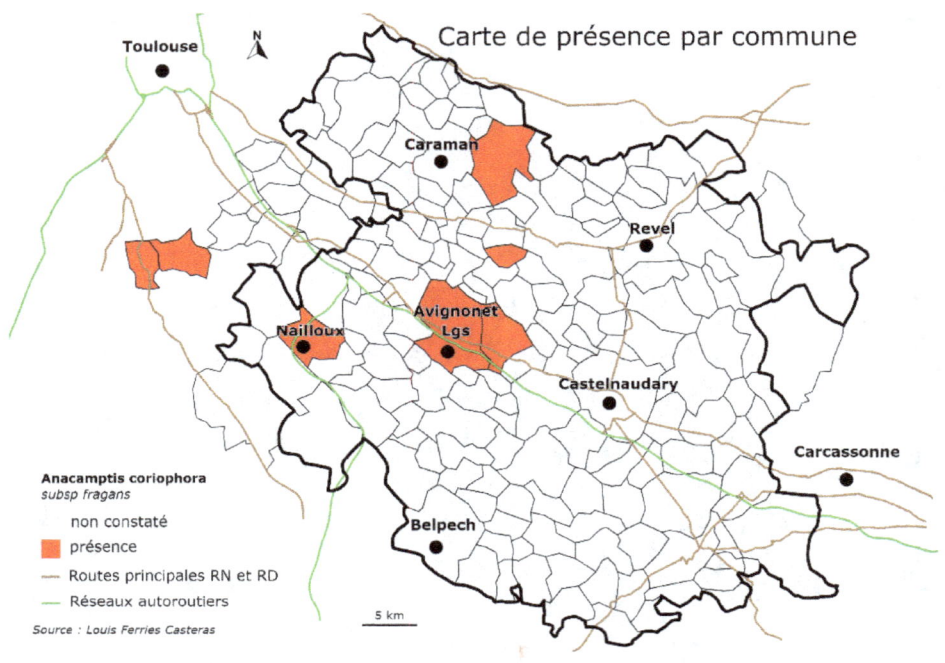

Carte de présence par commune

Anacamptis coriophora
subsp fragans

non constaté
présence
Routes principales RN et RD
Réseaux autoroutiers

Source : Louis Ferries Casteras

5 km

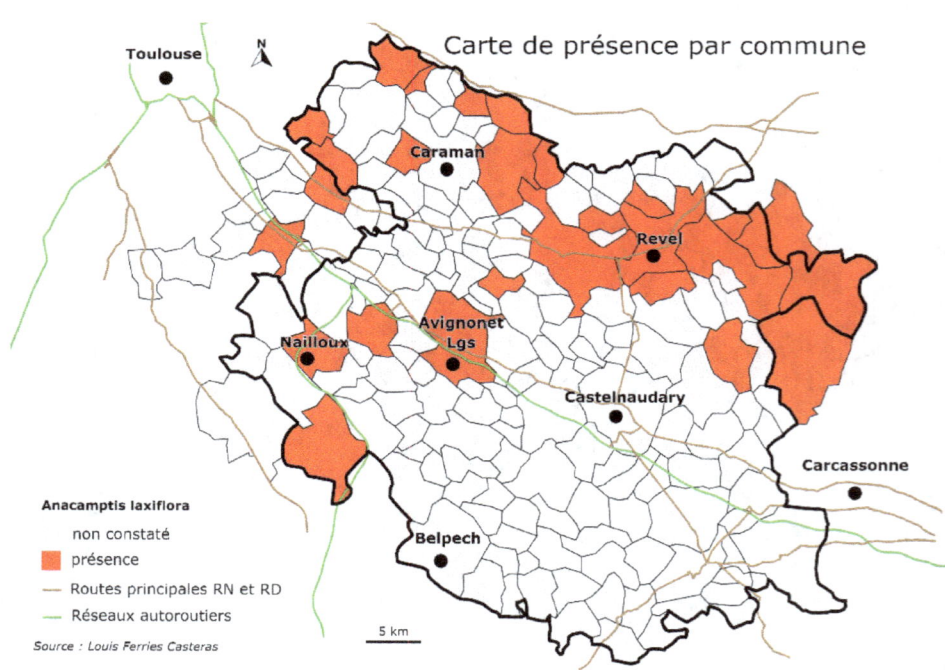

Carte de présence par commune

Anacamptis laxiflora

non constaté
présence
Routes principales RN et RD
Réseaux autoroutiers

Source : Louis Ferries Casteras

5 km

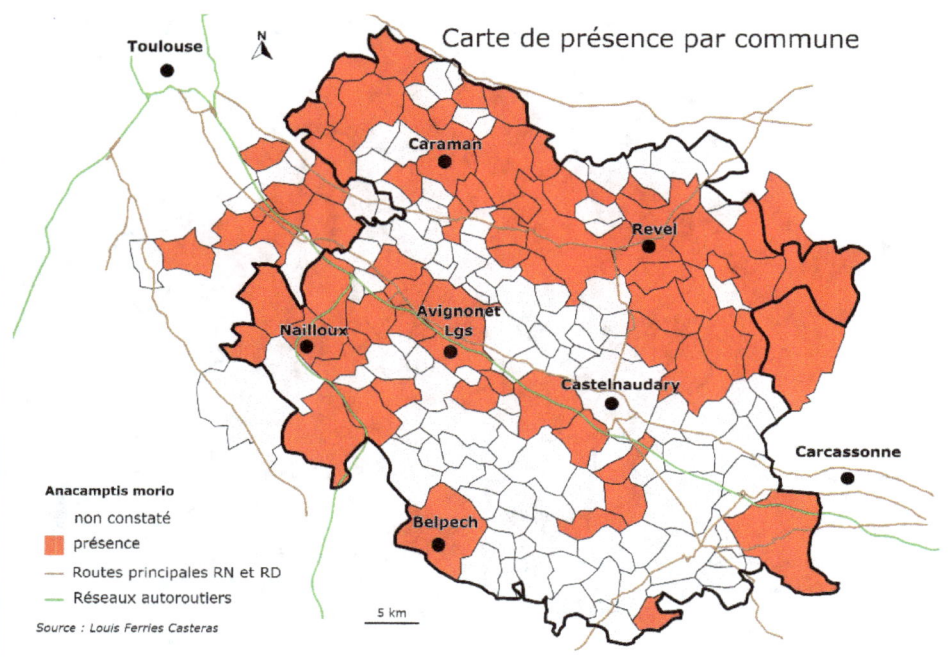

Carte de présence par commune

Toulouse · Caraman · Revel · Nailloux · Avignonet Lgs · Castelnaudary · Carcassonne · Belpech

Anacamptis morio
- non constaté
- ▮ présence
- — Routes principales RN et RD
- — Réseaux autoroutiers

5 km

Source : Louis Ferries Casteras

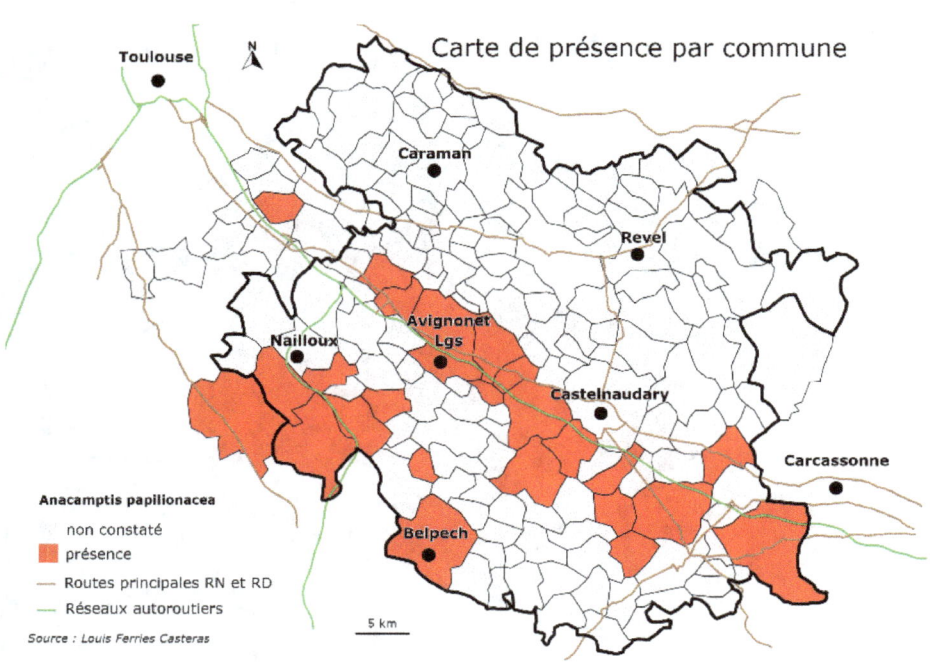

Carte de présence par commune

Toulouse · Caraman · Revel · Nailloux · Avignonet Lgs · Castelnaudary · Carcassonne · Belpech

Anacamptis papilionacea
- non constaté
- ▮ présence
- — Routes principales RN et RD
- — Réseaux autoroutiers

5 km

Source : Louis Ferries Casteras

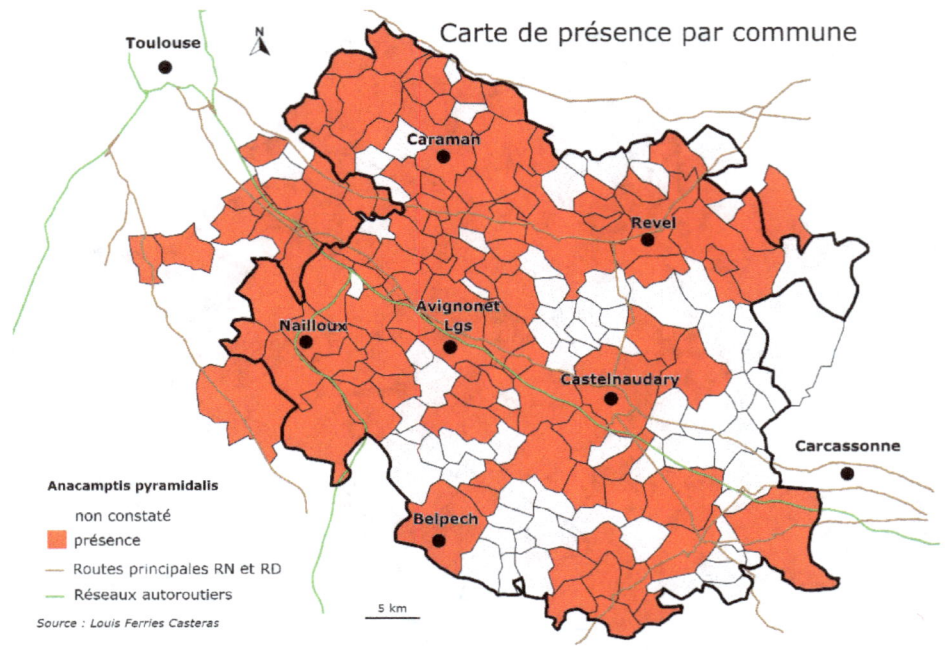

Carte de présence par commune

Toulouse
Caraman
Revel
Nailloux
Avignonet
Lgs
Castelnaudary
Carcassonne
Belpech

Anacamptis pyramidalis

non constaté

présence

Routes principales RN et RD

Réseaux autoroutiers

5 km

Source : Louis Ferries Casteras

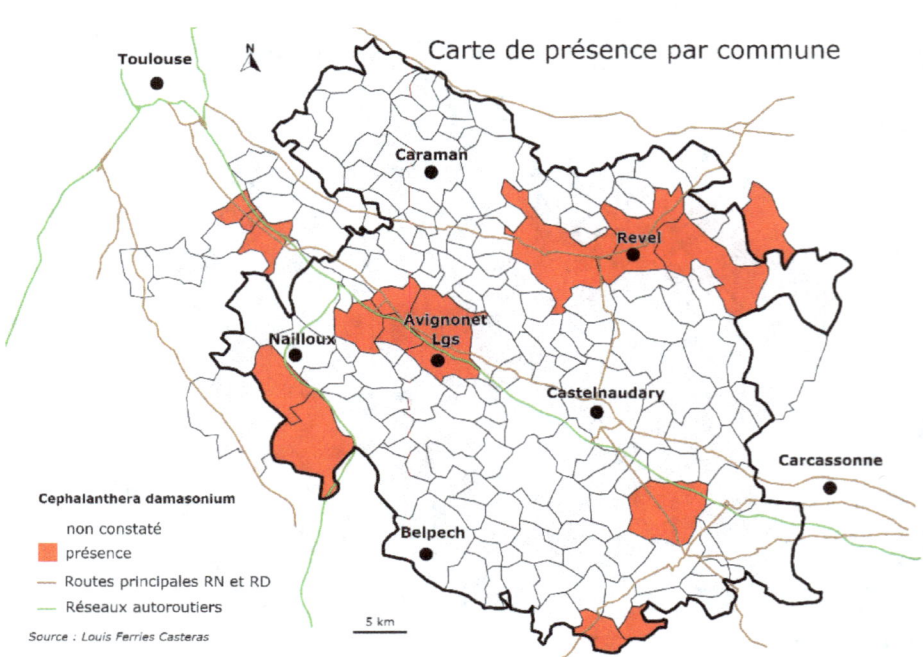

Carte de présence par commune

Toulouse
Caraman
Revel
Nailloux
Avignonet
Lgs
Castelnaudary
Carcassonne
Belpech

Cephalanthera damasonium

non constaté

présence

Routes principales RN et RD

Réseaux autoroutiers

5 km

Source : Louis Ferries Casteras

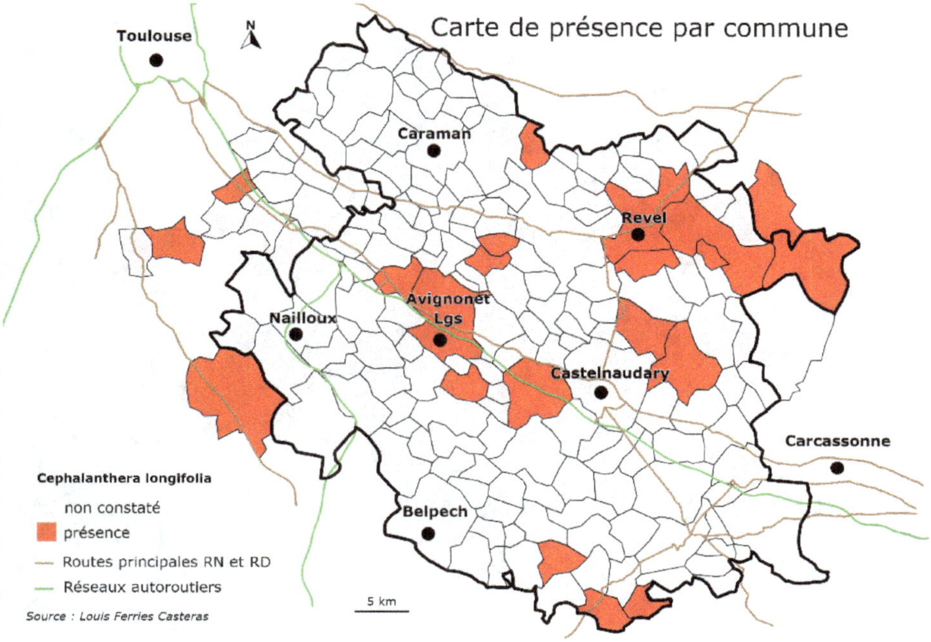

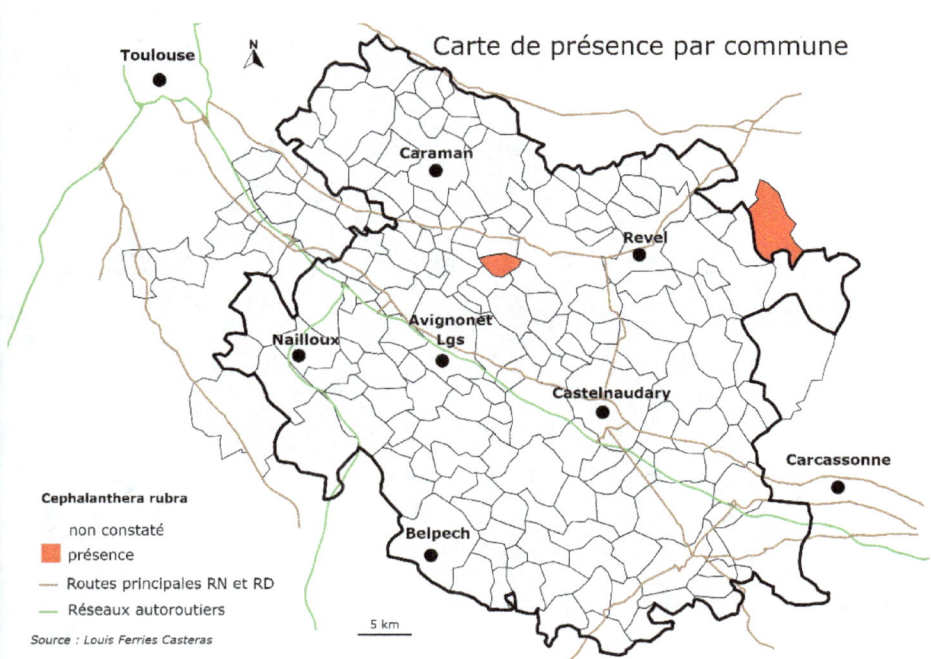

Carte de présence par commune

Toulouse

Caraman

Revel

Avignonet
Lgs

Nailloux

Castelnaudary

Carcassonne

Belpech

Cephalanthera longifolia

  non constaté
  ◼ présence
  — Routes principales RN et RD
  — Réseaux autoroutiers

5 km

Source : Louis Ferries Casteras

Carte de présence par commune

Toulouse

Caraman

Revel

Avignonet
Lgs

Nailloux

Castelnaudary

Carcassonne

Belpech

Cephalanthera rubra

  non constaté
  ◼ présence
  — Routes principales RN et RD
  — Réseaux autoroutiers

5 km

Source : Louis Ferries Casteras

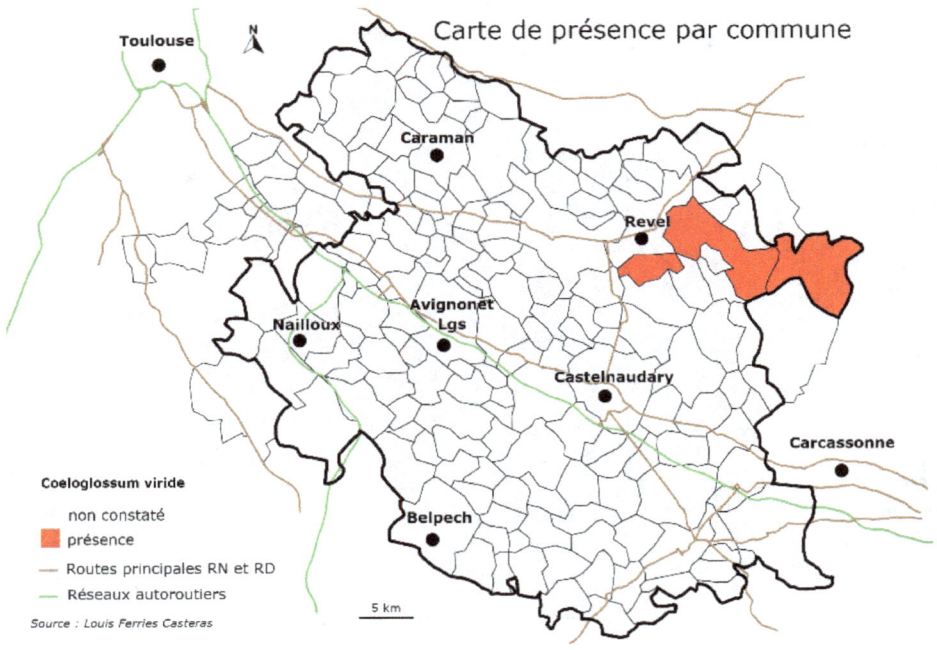

Carte de présence par commune

Coeloglossum viride

non constaté
présence
Routes principales RN et RD
Réseaux autoroutiers

5 km

Source : Louis Ferries Casteras

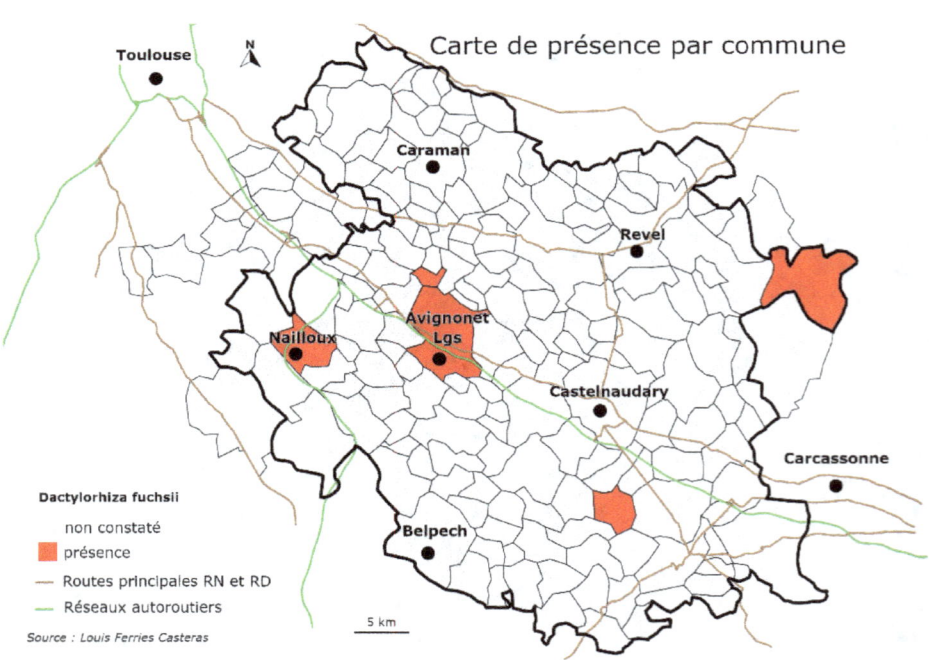

Carte de présence par commune

Dactylorhiza fuchsii

non constaté
présence
Routes principales RN et RD
Réseaux autoroutiers

5 km

Source : Louis Ferries Casteras

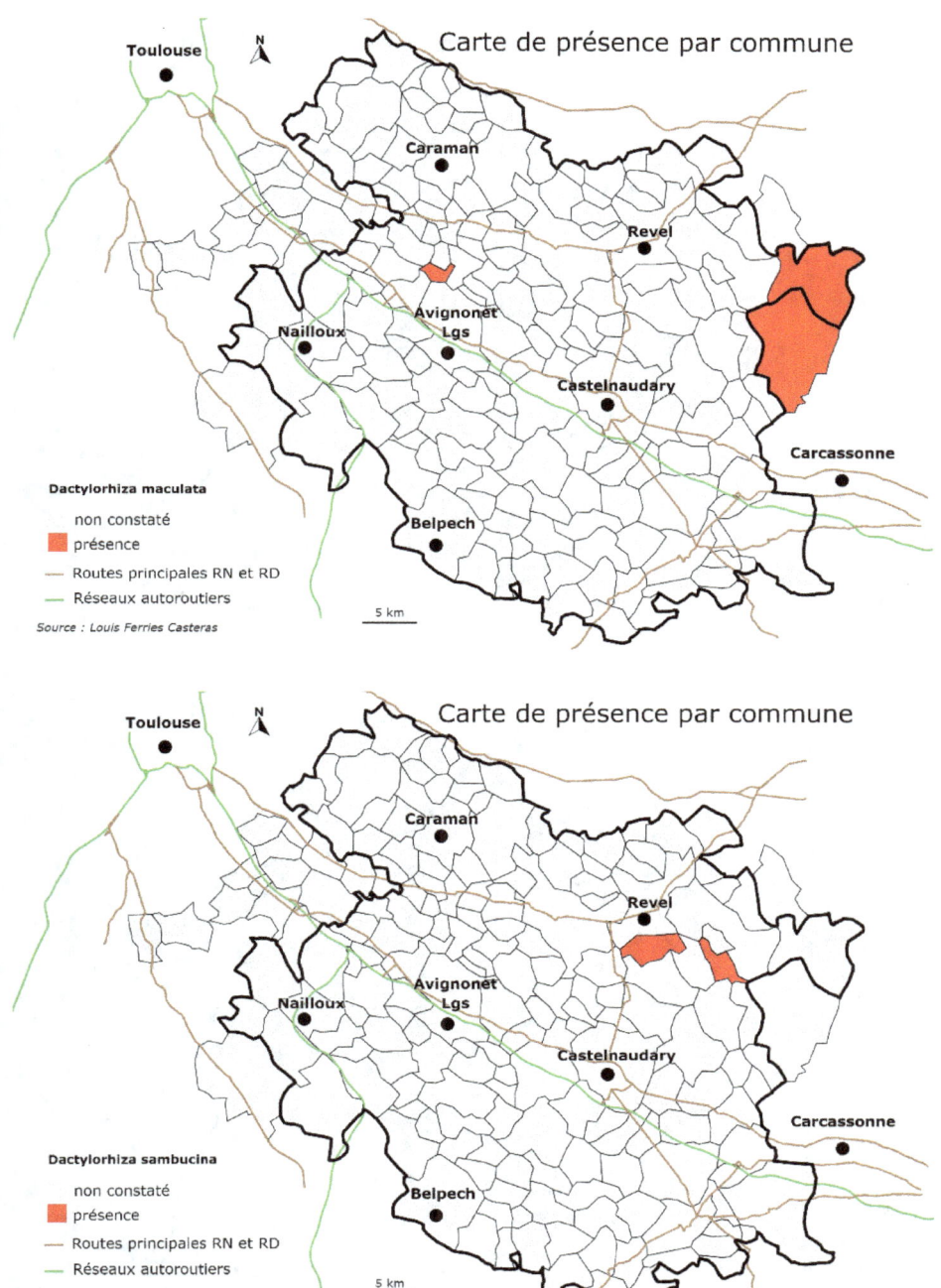

Carte de présence par commune

Toulouse

Caraman

Revel

Avignonet Lgs

Nailloux

Castelnaudary

Carcassonne

Belpech

Dactylorhiza maculata

non constaté

présence

Routes principales RN et RD

Réseaux autoroutiers

5 km

Source : Louis Ferries Casteras

Carte de présence par commune

Toulouse

Caraman

Revel

Avignonet Lgs

Nailloux

Castelnaudary

Carcassonne

Belpech

Dactylorhiza sambucina

non constaté

présence

Routes principales RN et RD

Réseaux autoroutiers

5 km

Source : Louis Ferries Casteras

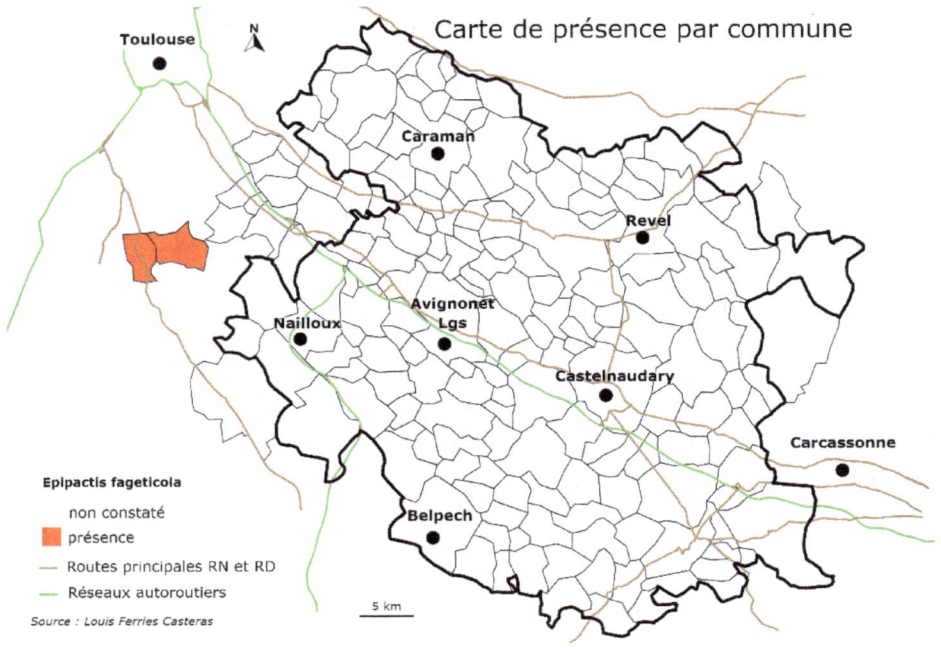

Carte de présence par commune

Toulouse

Caraman

Revel

Avignonet
Lgs

Nailloux

Castelnaudary

Carcassonne

Belpech

Epipactis fageticola

non constaté

présence

Routes principales RN et RD

Réseaux autoroutiers

5 km

Source : Louis Ferries Casteras

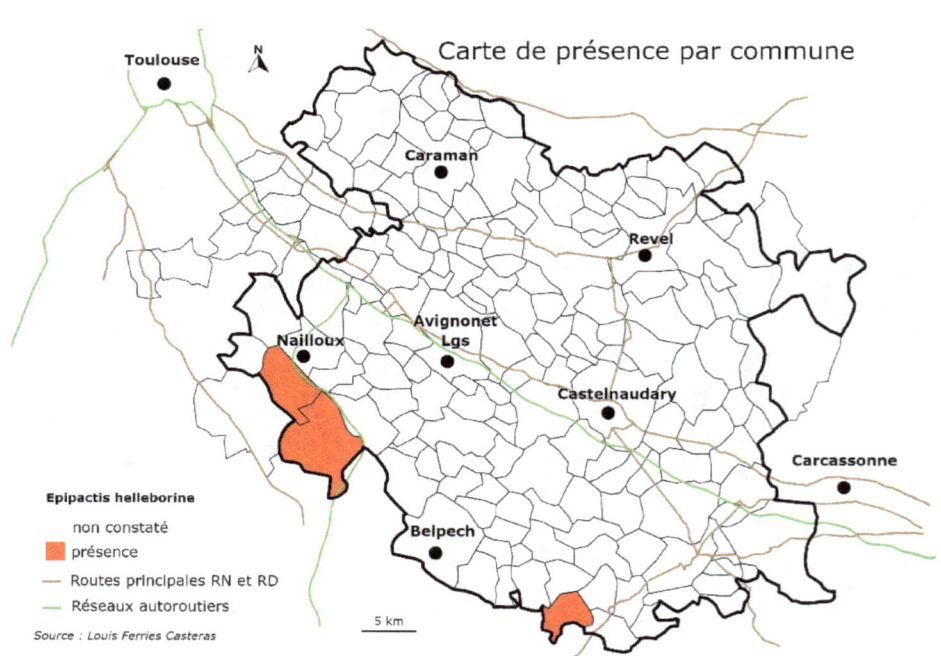

Carte de présence par commune

Toulouse

Caraman

Revel

Avignonet
Lgs

Nailloux

Castelnaudary

Carcassonne

Belpech

Epipactis helleborine

non constaté

présence

Routes principales RN et RD

Réseaux autoroutiers

5 km

Source : Louis Ferries Casteras

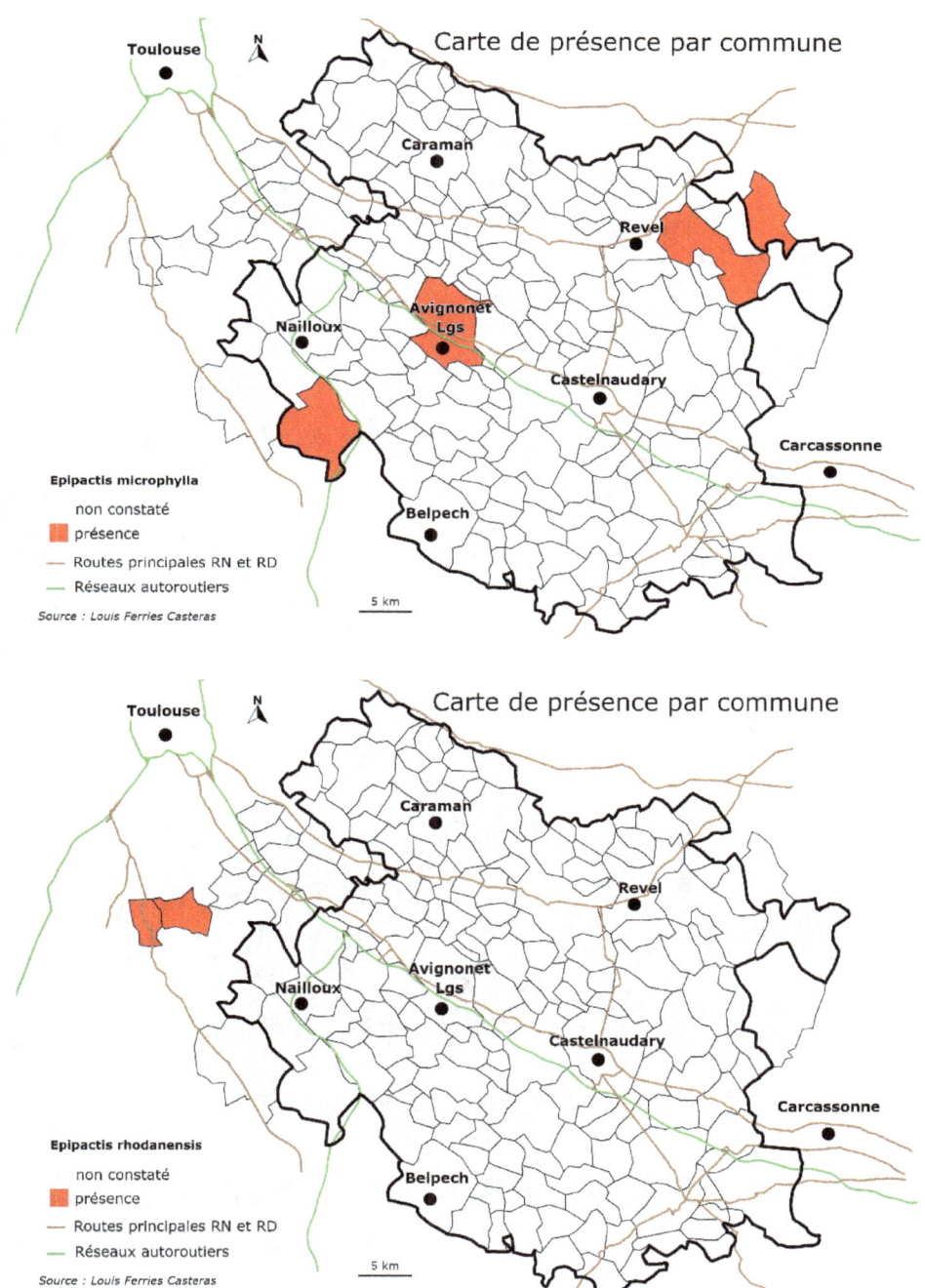

Carte de présence par commune

Toulouse
Caraman
Revel
Avignonet Lgs
Nailloux
Castelnaudary
Carcassonne
Belpech

Epipactis microphylla

☐ non constaté
🟧 présence
— Routes principales RN et RD
— Réseaux autoroutiers

5 km

Source : Louis Ferries Casteras

Carte de présence par commune

Toulouse
Caraman
Revel
Avignonet Lgs
Nailloux
Castelnaudary
Carcassonne
Belpech

Epipactis rhodanensis

☐ non constaté
🟧 présence
— Routes principales RN et RD
— Réseaux autoroutiers

5 km

Source : Louis Ferries Casteras

93

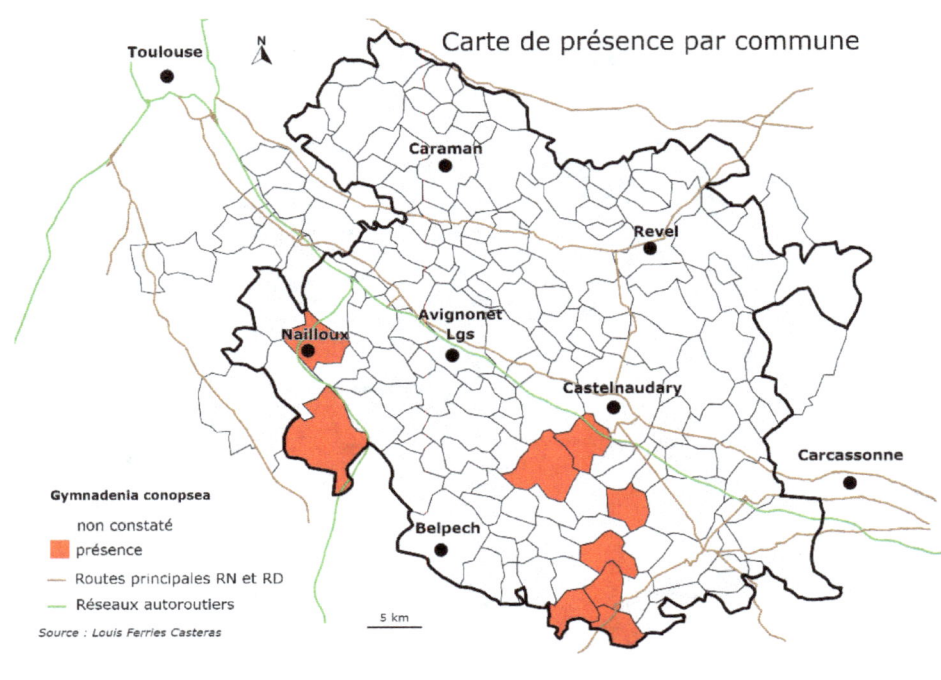

Carte de présence par commune

Gymnadenia conopsea

- non constaté
- ■ présence
- ---- Routes principales RN et RD
- —— Réseaux autoroutiers

5 km

Source : Louis Ferries Casteras

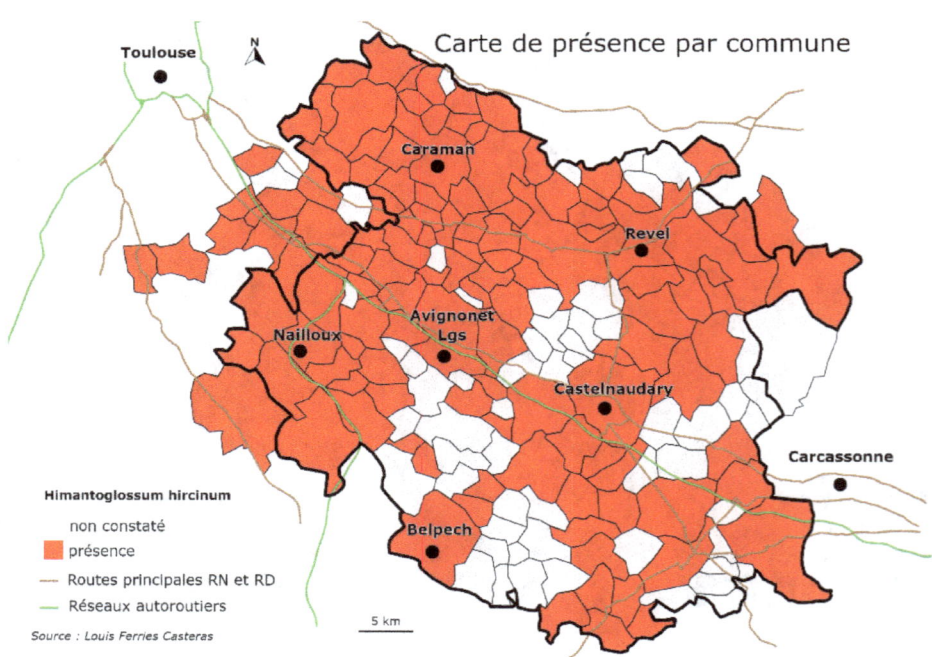

Carte de présence par commune

Himantoglossum hircinum

- non constaté
- ■ présence
- ---- Routes principales RN et RD
- —— Réseaux autoroutiers

5 km

Source : Louis Ferries Casteras

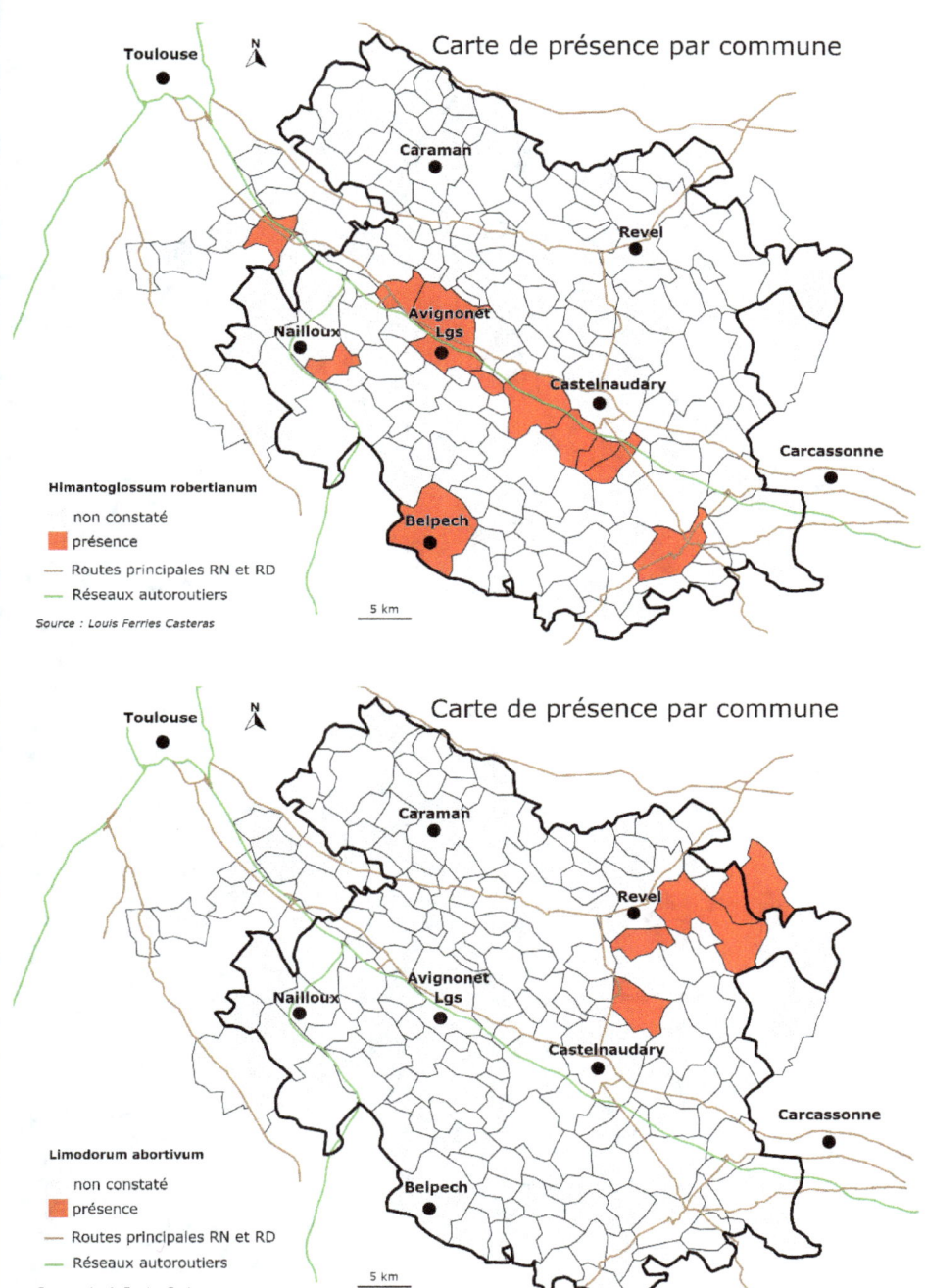

Carte de présence par commune

Himantoglossum robertianum

- non constaté
- présence
- Routes principales RN et RD
- Réseaux autoroutiers

5 km

Source : Louis Ferries Casteras

Carte de présence par commune

Limodorum abortivum

- non constaté
- présence
- Routes principales RN et RD
- Réseaux autoroutiers

5 km

Source : Louis Ferries Casteras

95

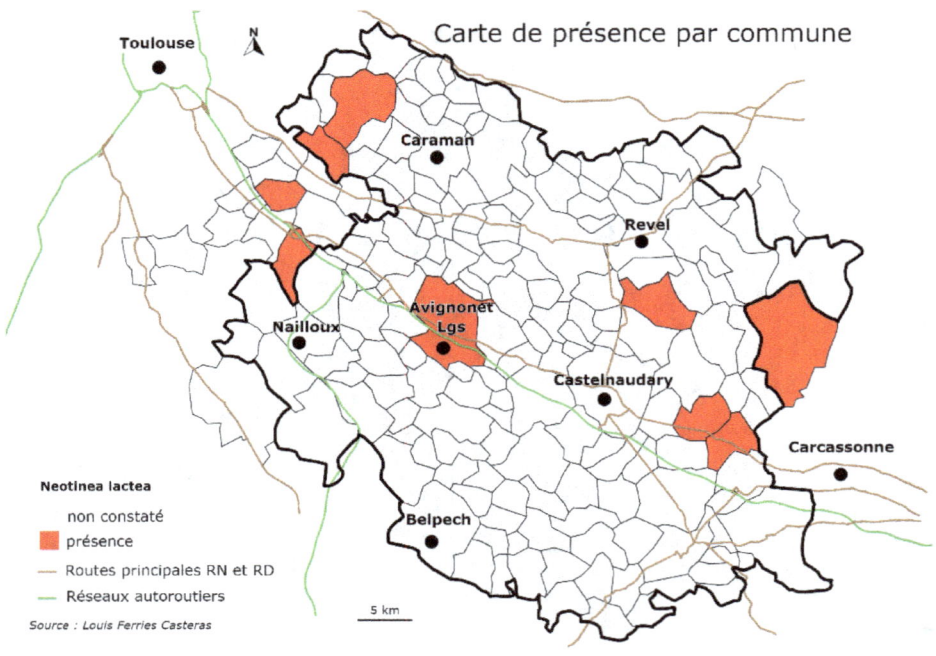

Carte de présence par commune

Neotinea lactea

non constaté
□ présence
— Routes principales RN et RD
— Réseaux autoroutiers

5 km

Source : Louis Ferries Casteras

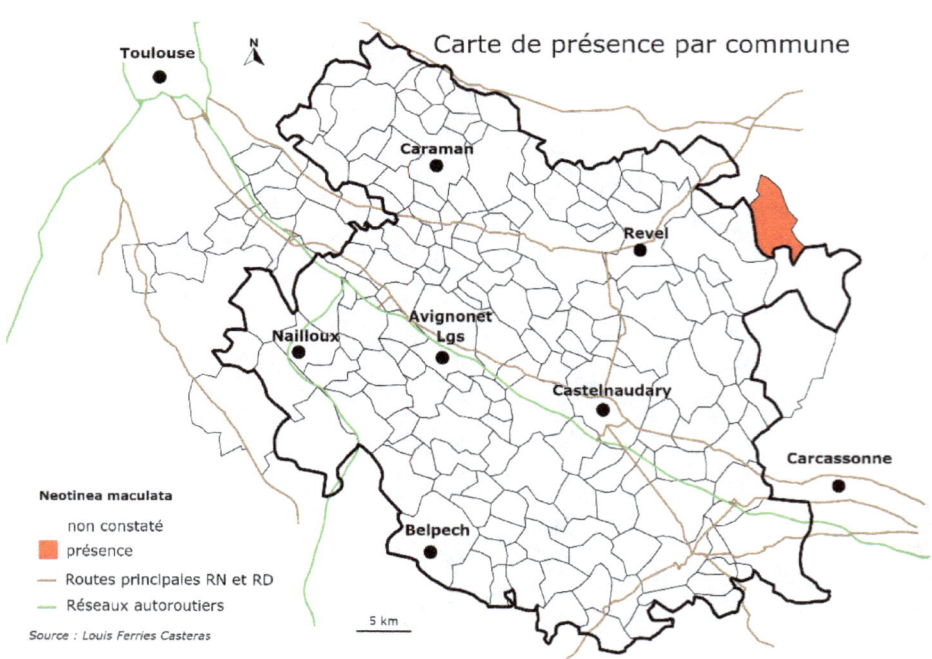

Carte de présence par commune

Neotinea maculata

non constaté
□ présence
— Routes principales RN et RD
— Réseaux autoroutiers

5 km

Source : Louis Ferries Casteras

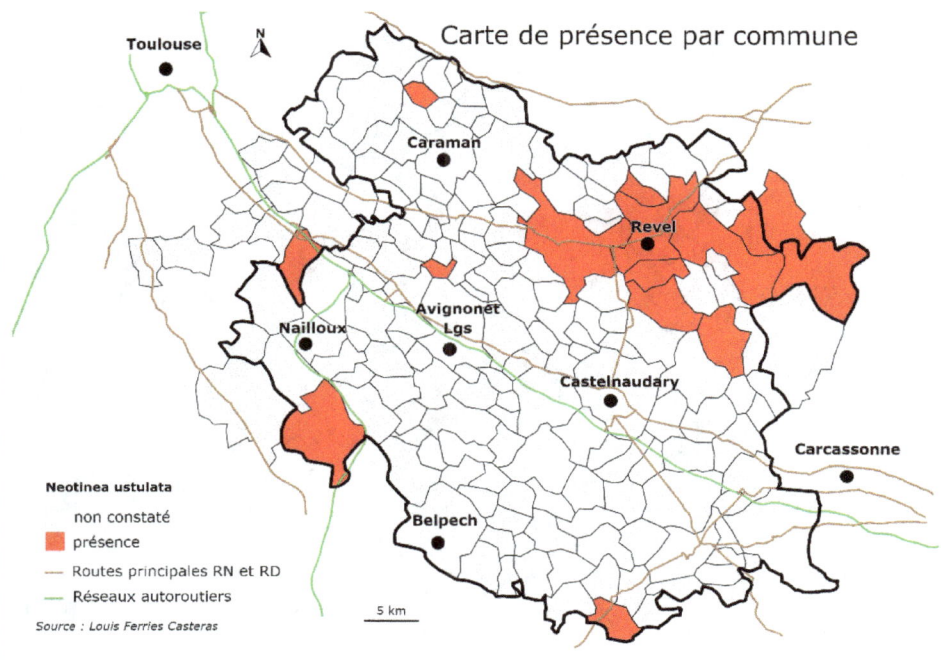

Carte de présence par commune

Toulouse

Caraman

Revel

Nailloux

Avignonet Lgs

Castelnaudary

Carcassonne

Belpech

Neotinea ustulata

non constaté

présence

Routes principales RN et RD

Réseaux autoroutiers

5 km

Source : Louis Ferries Casteras

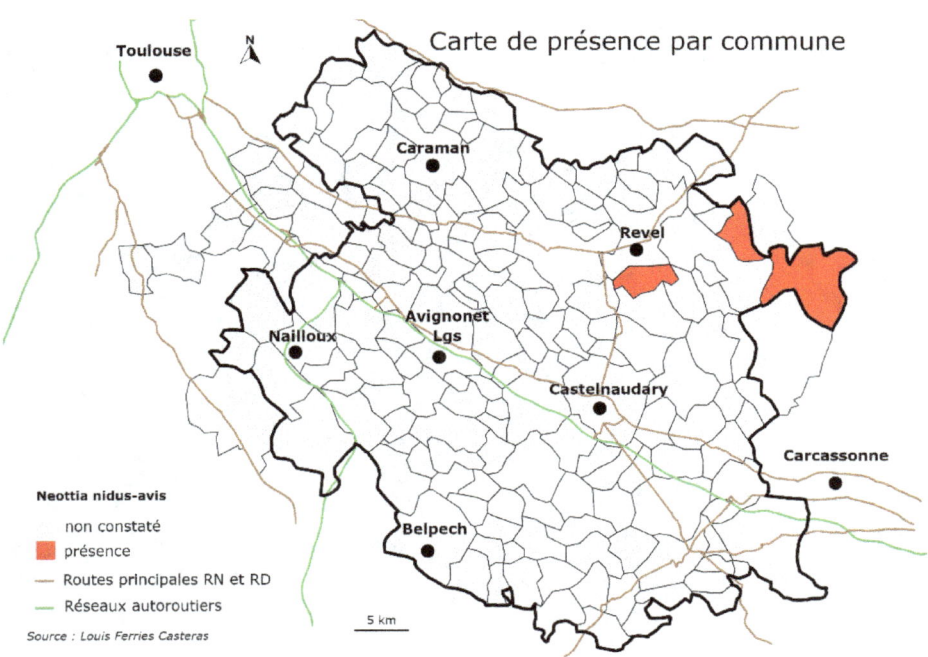

Carte de présence par commune

Toulouse

Caraman

Revel

Nailloux

Avignonet Lgs

Castelnaudary

Carcassonne

Belpech

Neottia nidus-avis

non constaté

présence

Routes principales RN et RD

Réseaux autoroutiers

5 km

Source : Louis Ferries Casteras

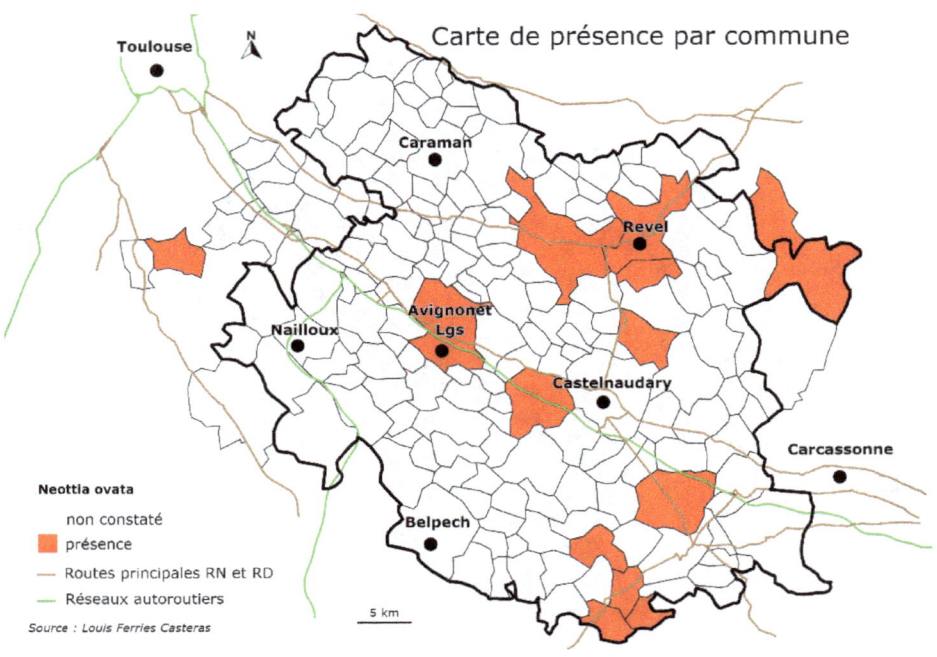

Carte de présence par commune

Toulouse

N

Caraman

Revel

Avignonet Lgs

Nailloux

Castelnaudary

Carcassonne

Belpech

Neottia ovata

non constaté

présence

Routes principales RN et RD

Réseaux autoroutiers

5 km

Source : Louis Ferries Casteras

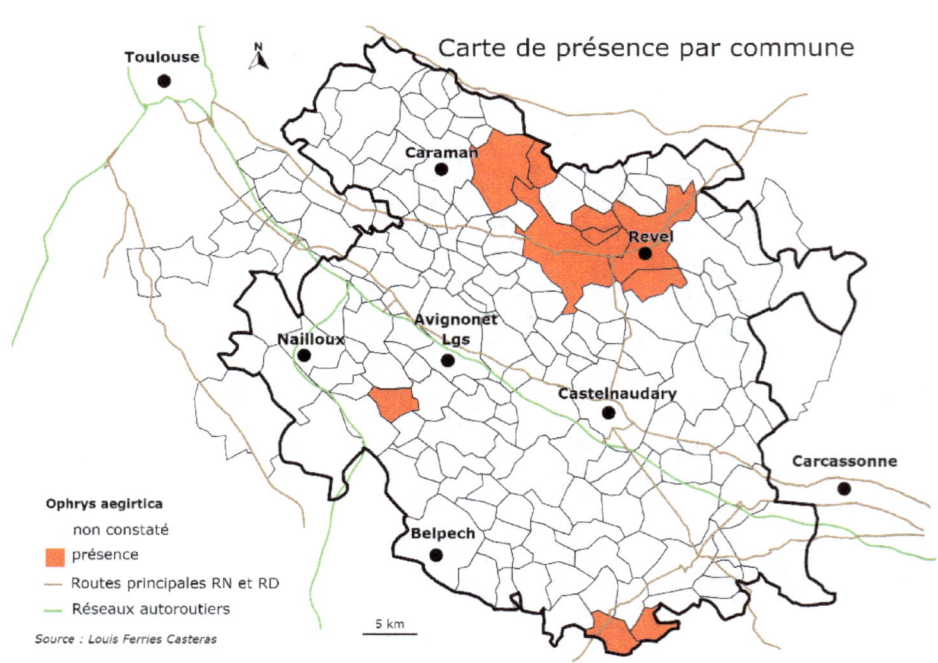

Carte de présence par commune

Toulouse

N

Caraman

Revel

Avignonet Lgs

Nailloux

Castelnaudary

Carcassonne

Belpech

Ophrys aegirtica

non constaté

présence

Routes principales RN et RD

Réseaux autoroutiers

5 km

Source : Louis Ferries Casteras

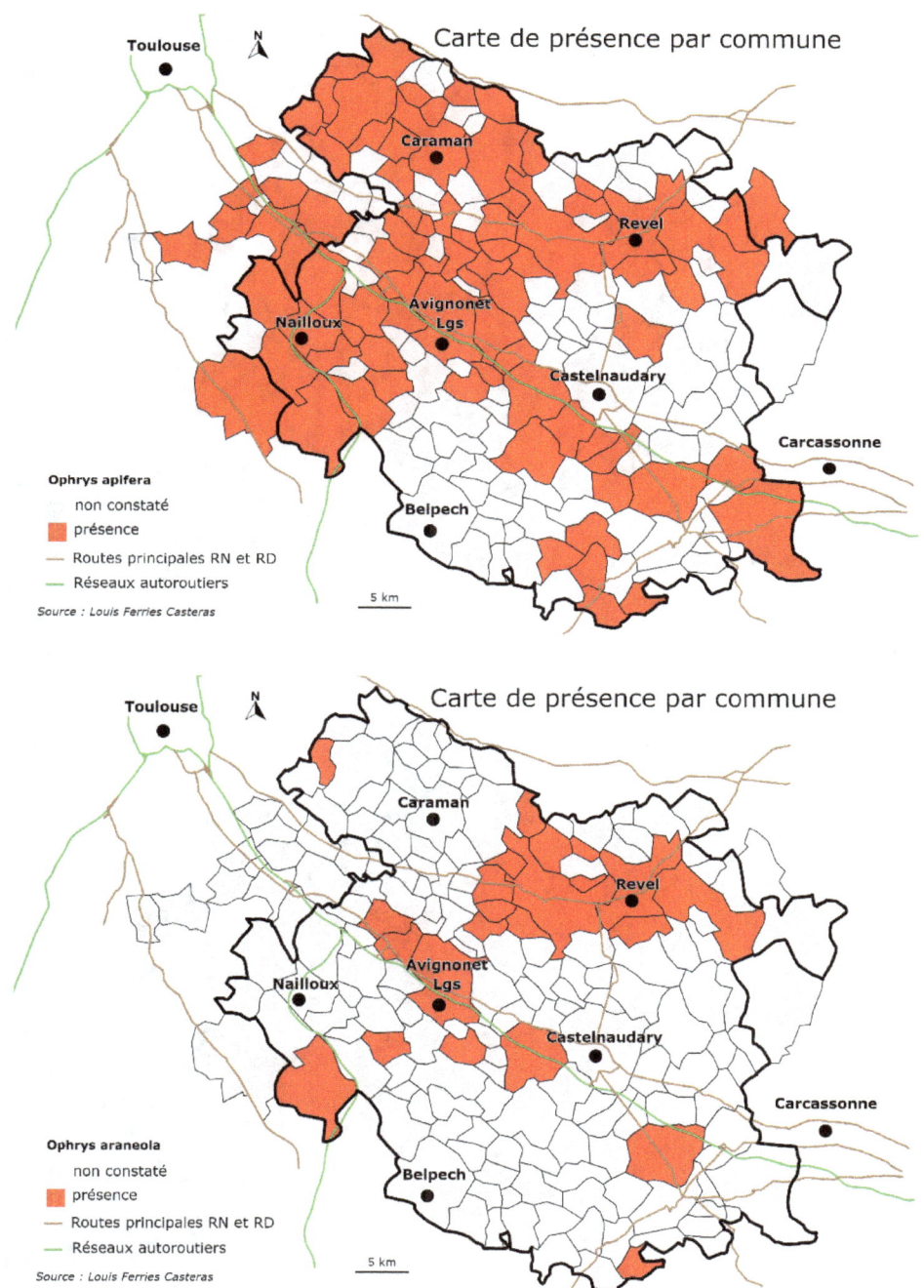

Carte de présence par commune

Toulouse

Caraman

Revel

Avignonet Lgs

Nailloux

Castelnaudary

Carcassonne

Belpech

Ophrys apifera

non constaté

présence

Routes principales RN et RD

Réseaux autoroutiers

5 km

Source : Louis Ferries Casteras

Carte de présence par commune

Toulouse

Caraman

Revel

Avignonet Lgs

Nailloux

Castelnaudary

Carcassonne

Belpech

Ophrys araneola

non constaté

présence

Routes principales RN et RD

Réseaux autoroutiers

5 km

Source : Louis Ferries Casteras

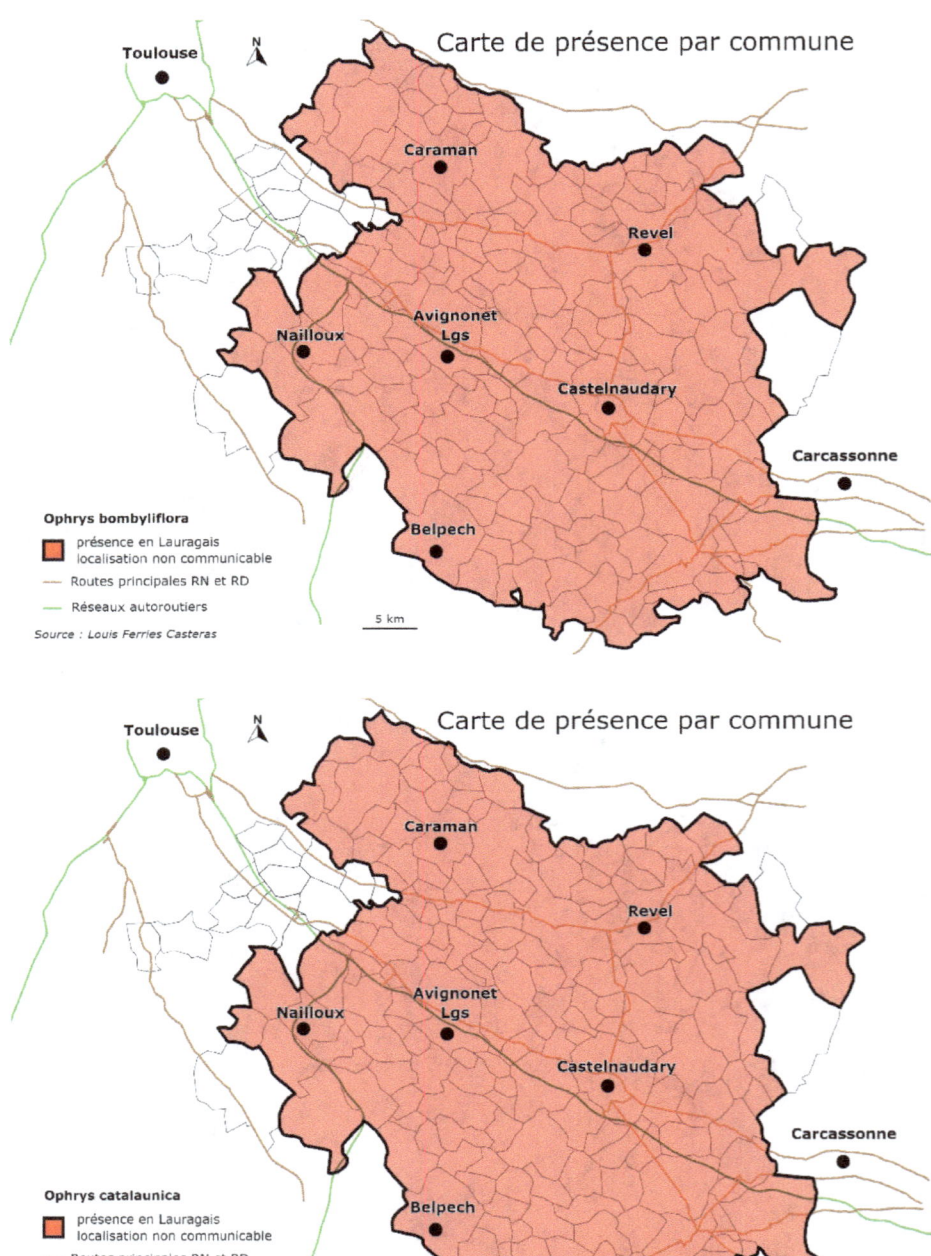

Carte de présence par commune

Toulouse

Caraman

Revel

Nailloux

Avignonet
Lgs

Castelnaudary

Carcassonne

Belpech

Ophrys bombyliflora

présence en Lauragais
localisation non communicable

Routes principales RN et RD

Réseaux autoroutiers

5 km

Source : Louis Ferries Casteras

Carte de présence par commune

Toulouse

Caraman

Revel

Nailloux

Avignonet
Lgs

Castelnaudary

Carcassonne

Belpech

Ophrys catalaunica

présence en Lauragais
localisation non communicable

Routes principales RN et RD

Réseaux autoroutiers

5 km

Source : Louis Ferries Casteras

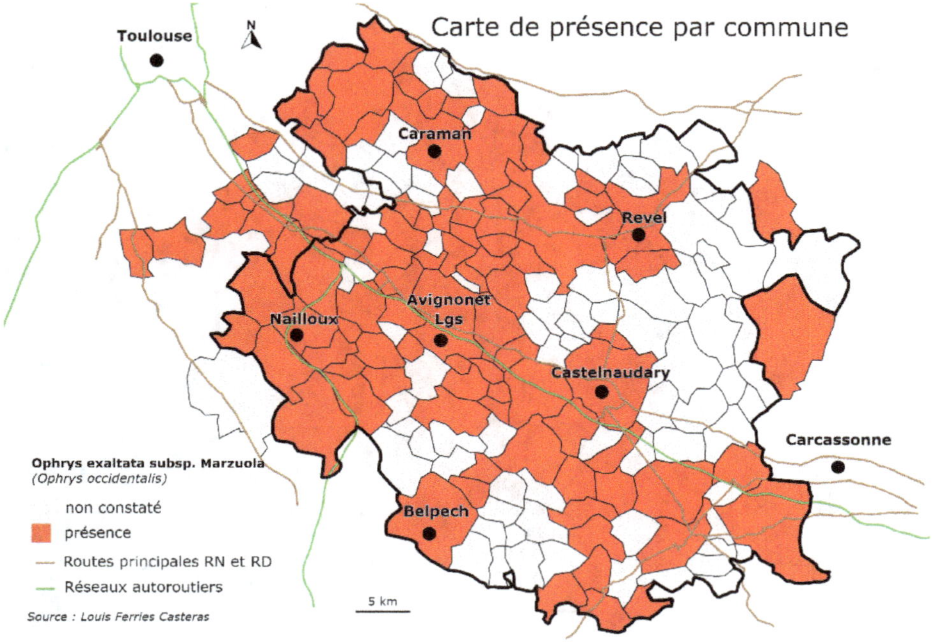

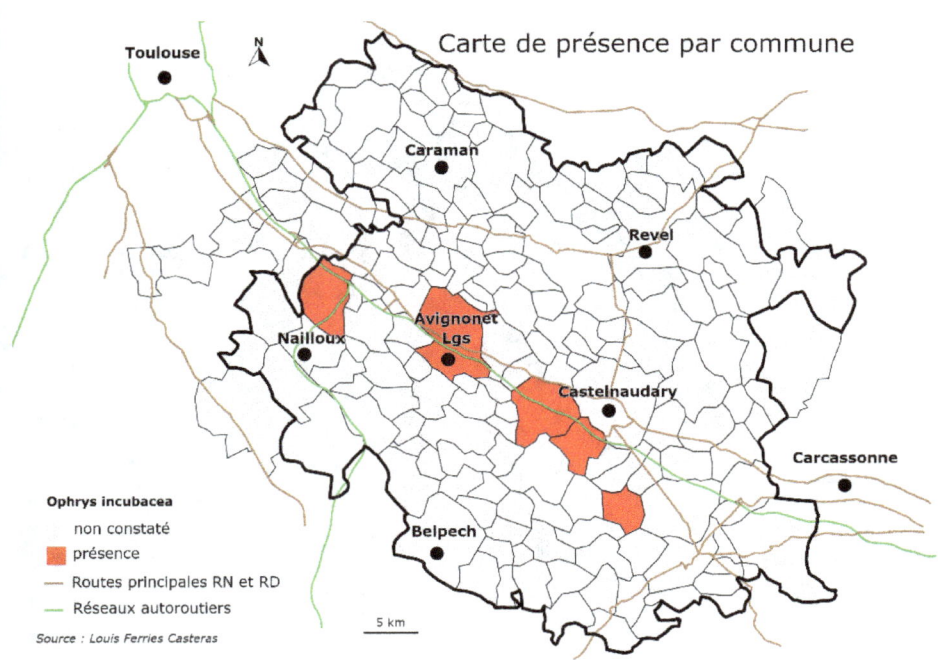

Carte de présence par commune

Ophrys exaltata subsp. Marzuola
(Ophrys occidentalis)

non constaté
présence
Routes principales RN et RD
Réseaux autoroutiers

5 km

Source : Louis Ferries Casteras

Toulouse · Caraman · Revel · Nailloux · Avignonet Lgs · Castelnaudary · Carcassonne · Belpech

Carte de présence par commune

Ophrys incubacea

non constaté
présence
Routes principales RN et RD
Réseaux autoroutiers

5 km

Source : Louis Ferries Casteras

Toulouse · Caraman · Revel · Nailloux · Avignonet Lgs · Castelnaudary · Carcassonne · Belpech

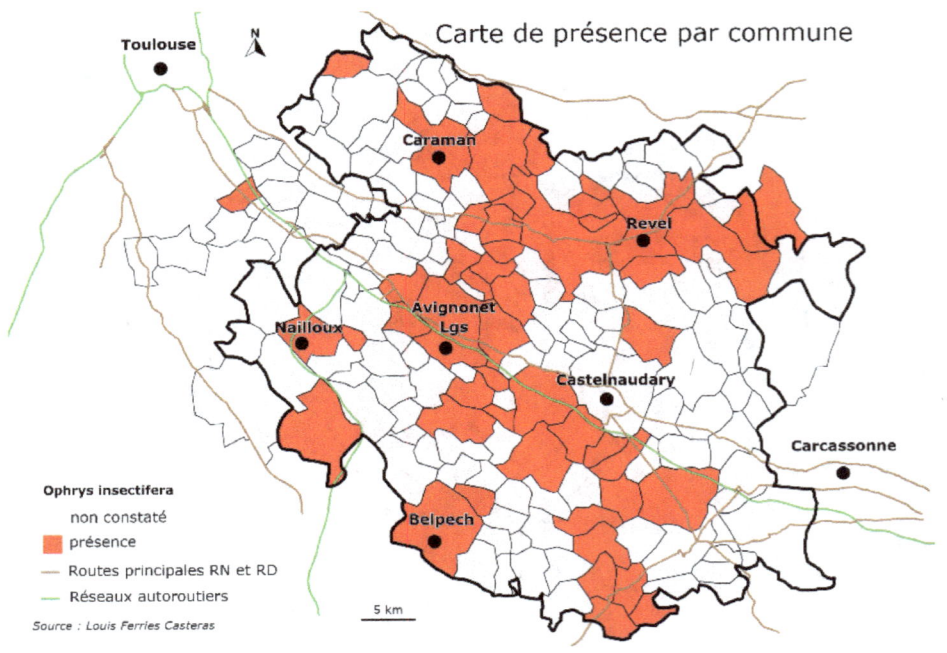

Carte de présence par commune

Toulouse

Caraman

Revel

Nailloux

Avignonet Lgs

Castelnaudary

Carcassonne

Belpech

Ophrys insectifera

non constaté

présence

Routes principales RN et RD

Réseaux autoroutiers

5 km

Source : Louis Ferries Casteras

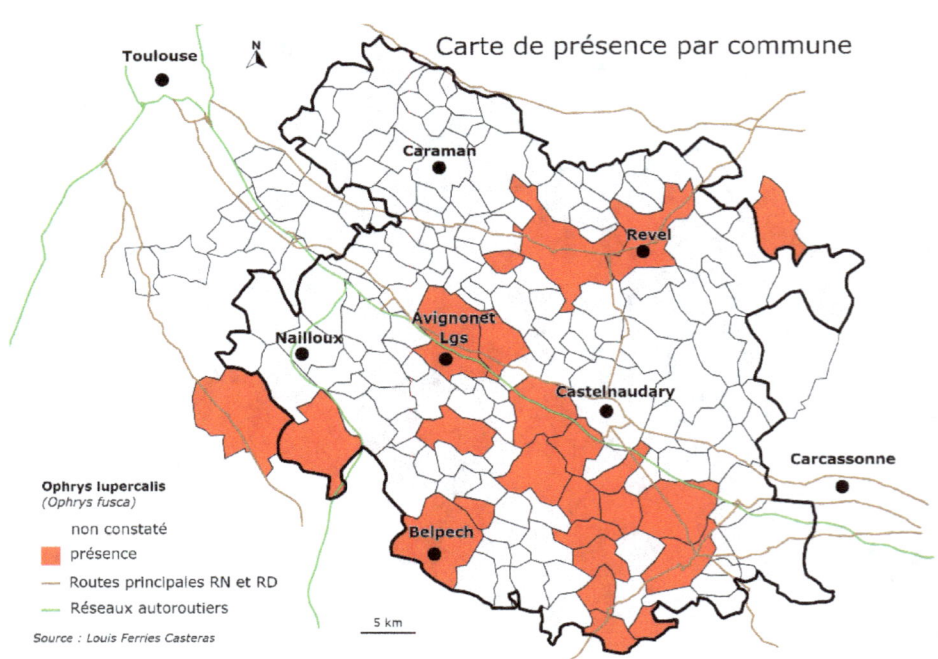

Carte de présence par commune

Toulouse

Caraman

Revel

Nailloux

Avignonet Lgs

Castelnaudary

Carcassonne

Belpech

Ophrys lupercalis
(Ophrys fusca)

non constaté

présence

Routes principales RN et RD

Réseaux autoroutiers

5 km

Source : Louis Ferries Casteras

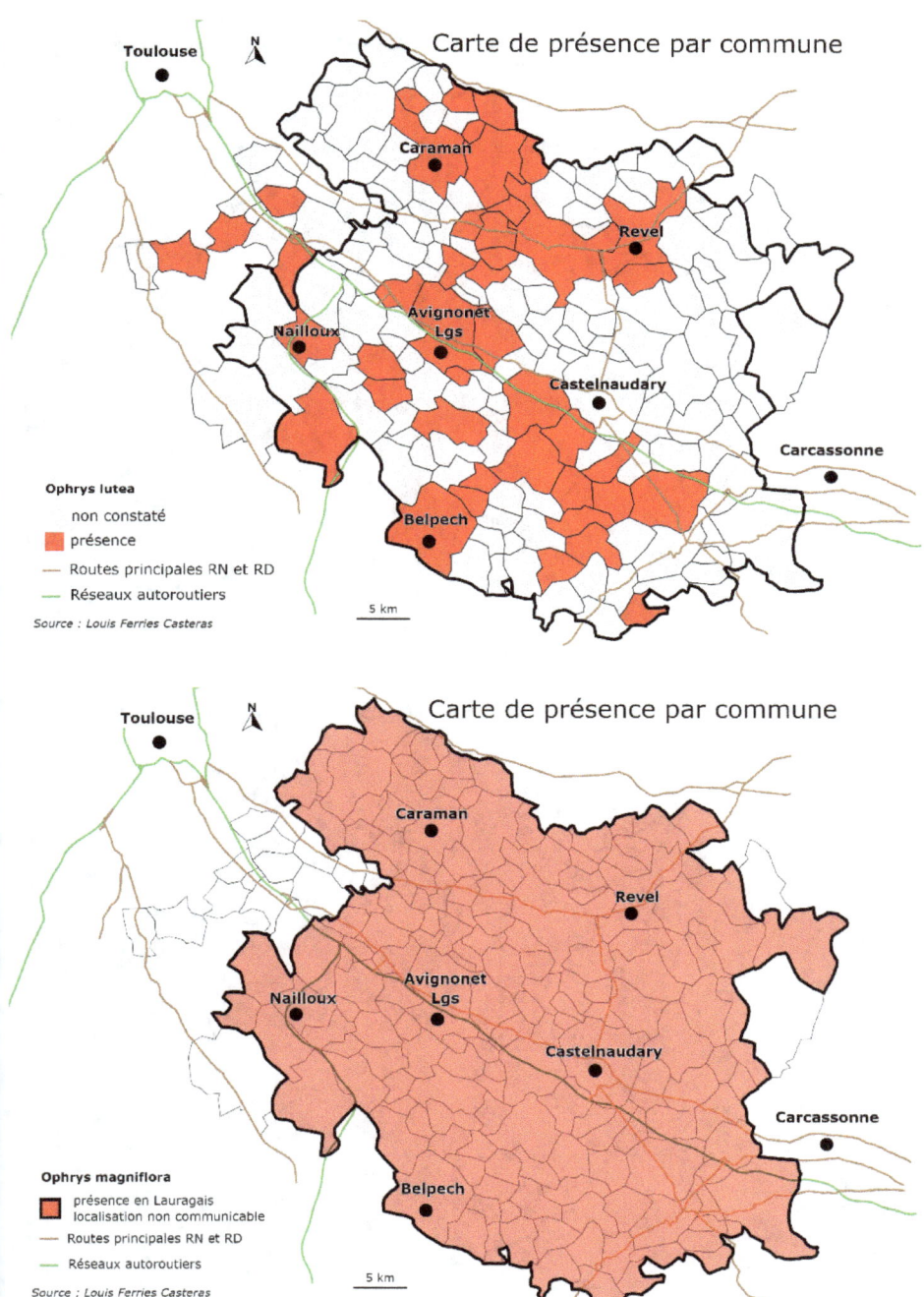

Carte de présence par commune

Toulouse
N
Caraman
Revel
Avignonet Lgs
Nailloux
Castelnaudary
Carcassonne
Belpech

Ophrys lutea

non constaté

présence

Routes principales RN et RD

Réseaux autoroutiers

5 km

Source : Louis Ferries Casteras

Carte de présence par commune

Toulouse
N
Caraman
Revel
Avignonet Lgs
Nailloux
Castelnaudary
Carcassonne
Belpech

Ophrys magniflora

présence en Lauragais
localisation non communicable

Routes principales RN et RD

Réseaux autoroutiers

5 km

Source : Louis Ferries Casteras

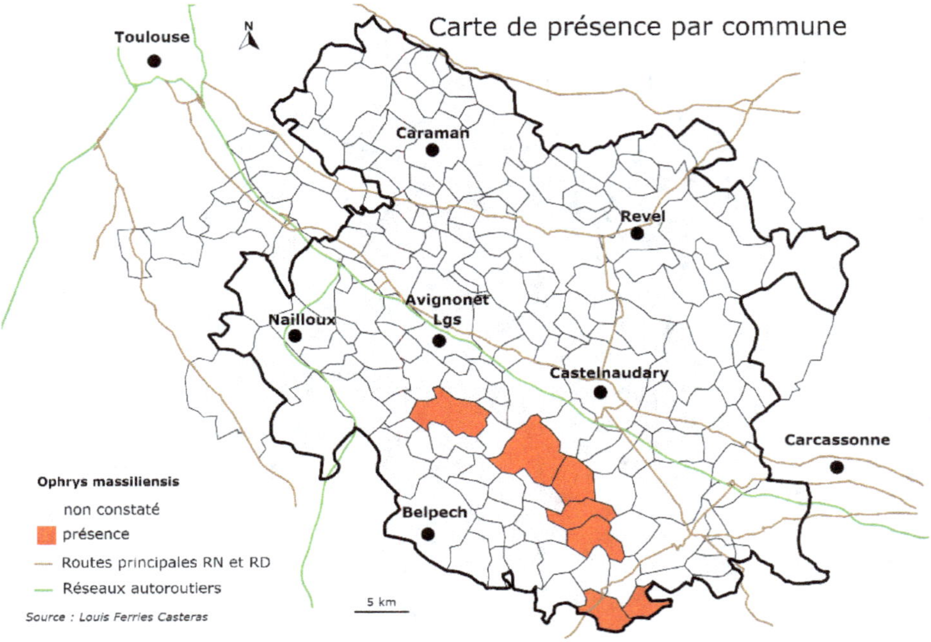

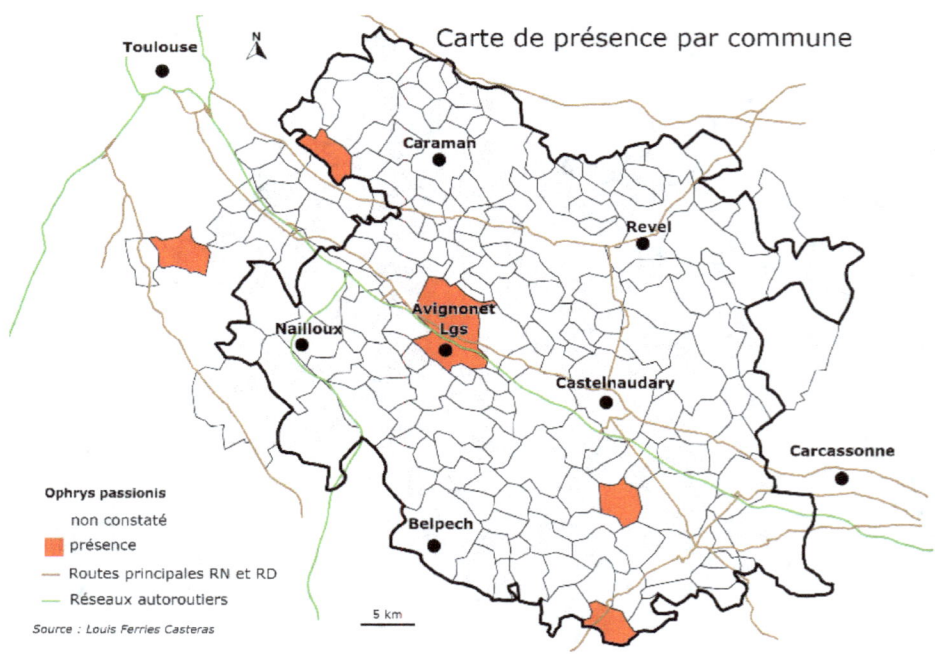

Carte de présence par commune

Toulouse · Caraman · Revel · Avignonet Lgs · Nailloux · Castelnaudary · Carcassonne · Belpech

Ophrys massiliensis

non constaté
□ présence
— Routes principales RN et RD
— Réseaux autoroutiers

Source : Louis Ferries Casteras

5 km

Carte de présence par commune

Toulouse · Caraman · Revel · Avignonet Lgs · Nailloux · Castelnaudary · Carcassonne · Belpech

Ophrys passionis

non constaté
□ présence
— Routes principales RN et RD
— Réseaux autoroutiers

Source : Louis Ferries Casteras

5 km

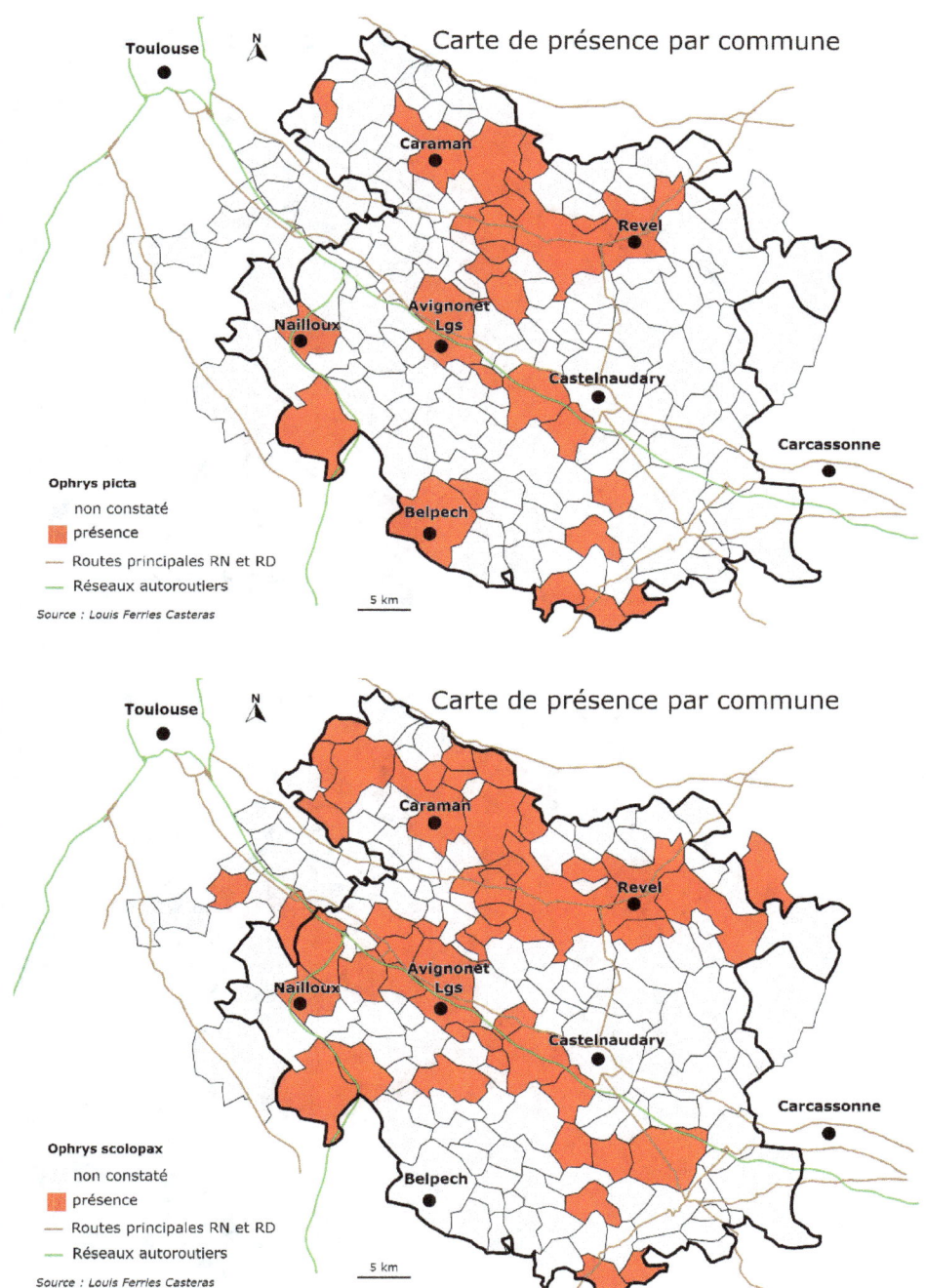

Carte de présence par commune

Ophrys picta
non constaté
présence
Routes principales RN et RD
Réseaux autoroutiers

Source : Louis Ferries Casteras

Carte de présence par commune

Ophrys scolopax
non constaté
présence
Routes principales RN et RD
Réseaux autoroutiers

Source : Louis Ferries Casteras

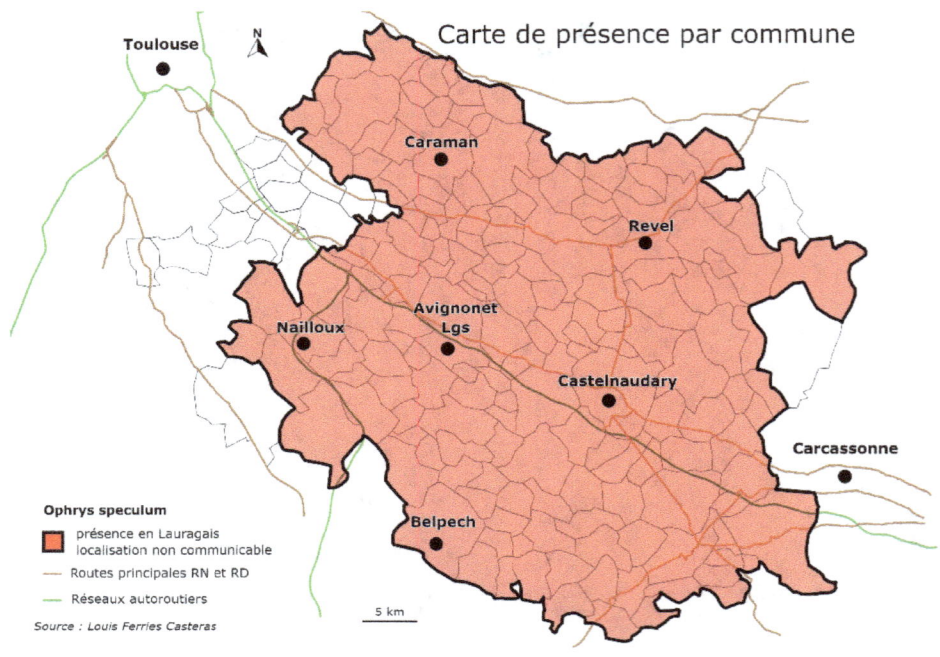

Carte de présence par commune

Ophrys speculum

présence en Lauragais
localisation non communicable

Routes principales RN et RD

Réseaux autoroutiers

Source : Louis Ferries Casteras

5 km

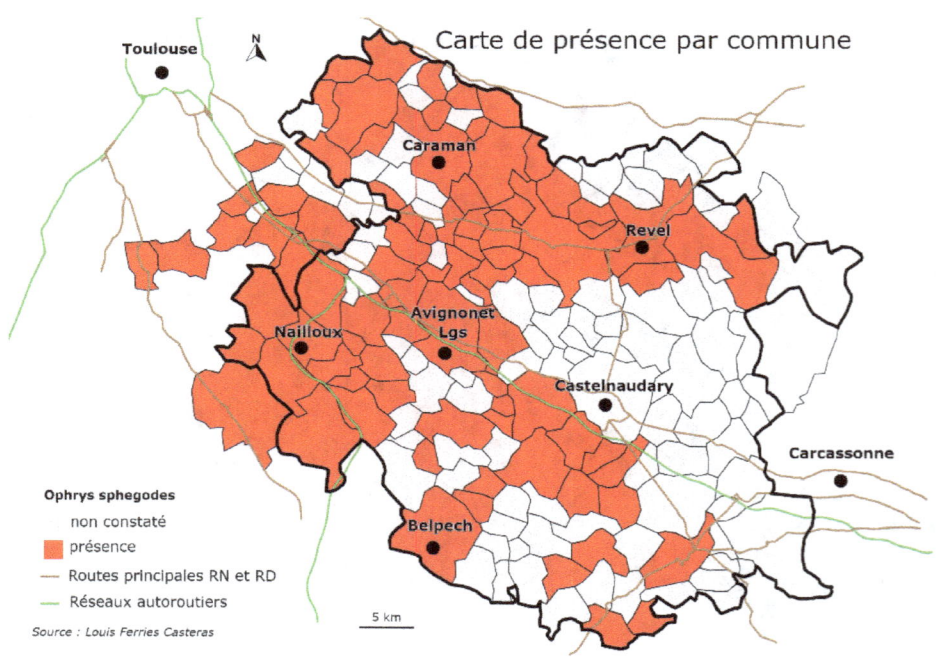

Carte de présence par commune

Ophrys sphegodes

non constaté

présence

Routes principales RN et RD

Réseaux autoroutiers

Source : Louis Ferries Casteras

5 km

106

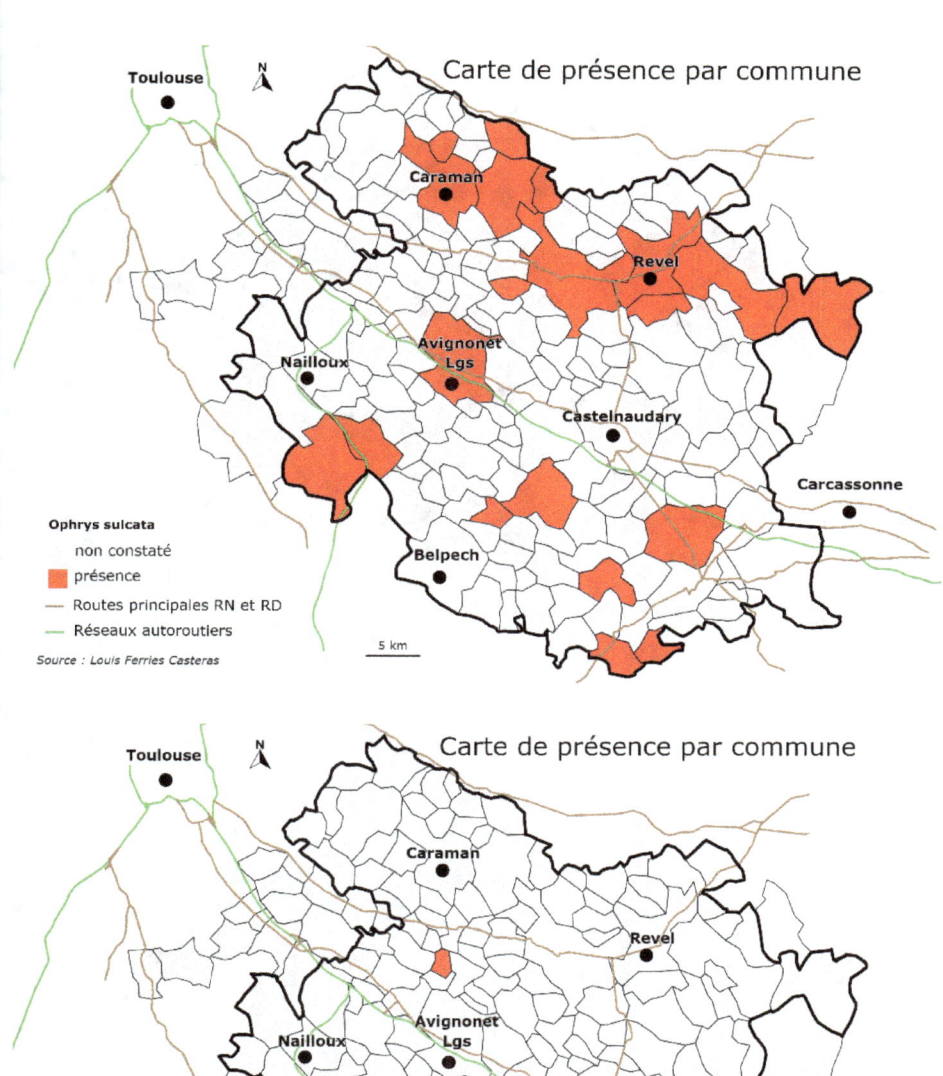

Carte de présence par commune

Ophrys sulcata

non constaté

■ présence

— Routes principales RN et RD

— Réseaux autoroutiers

Source : Louis Ferries Casteras

5 km

Carte de présence par commune

Ophrys vasconica

non constaté

■ présence

— Routes principales RN et RD

— Réseaux autoroutiers

Source : Louis Ferries Casteras

5 km

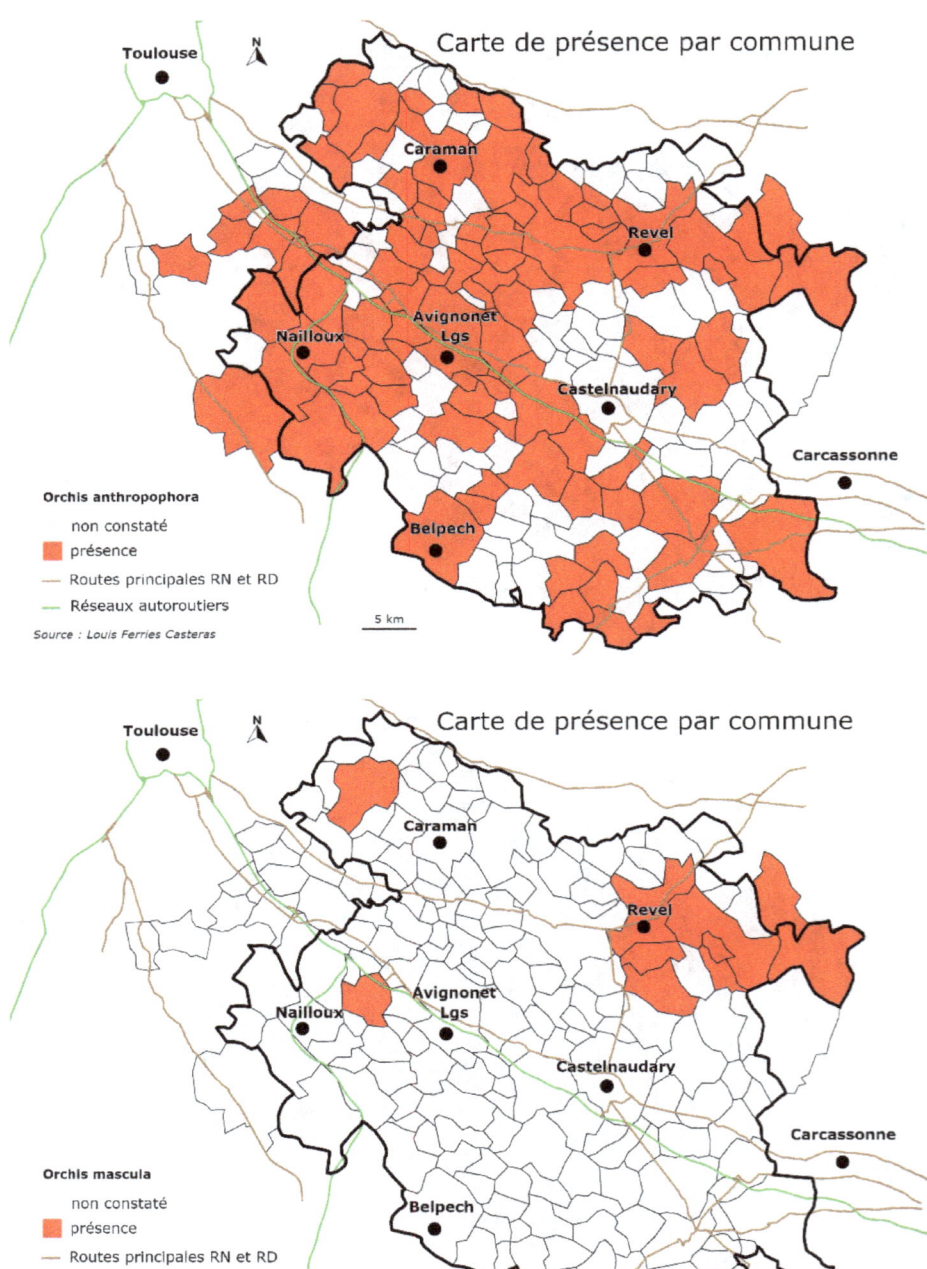

Carte de présence par commune

Toulouse

Caraman

Revel

Nailloux

Avignonet Lgs

Castelnaudary

Carcassonne

Belpech

Orchis anthropophora
non constaté
présence
Routes principales RN et RD
Réseaux autoroutiers

5 km

Source : Louis Ferries Casteras

Carte de présence par commune

Toulouse

Caraman

Revel

Nailloux

Avignonet Lgs

Castelnaudary

Carcassonne

Belpech

Orchis mascula
non constaté
présence
Routes principales RN et RD
Réseaux autoroutiers

5 km

Source : Louis Ferries Casteras

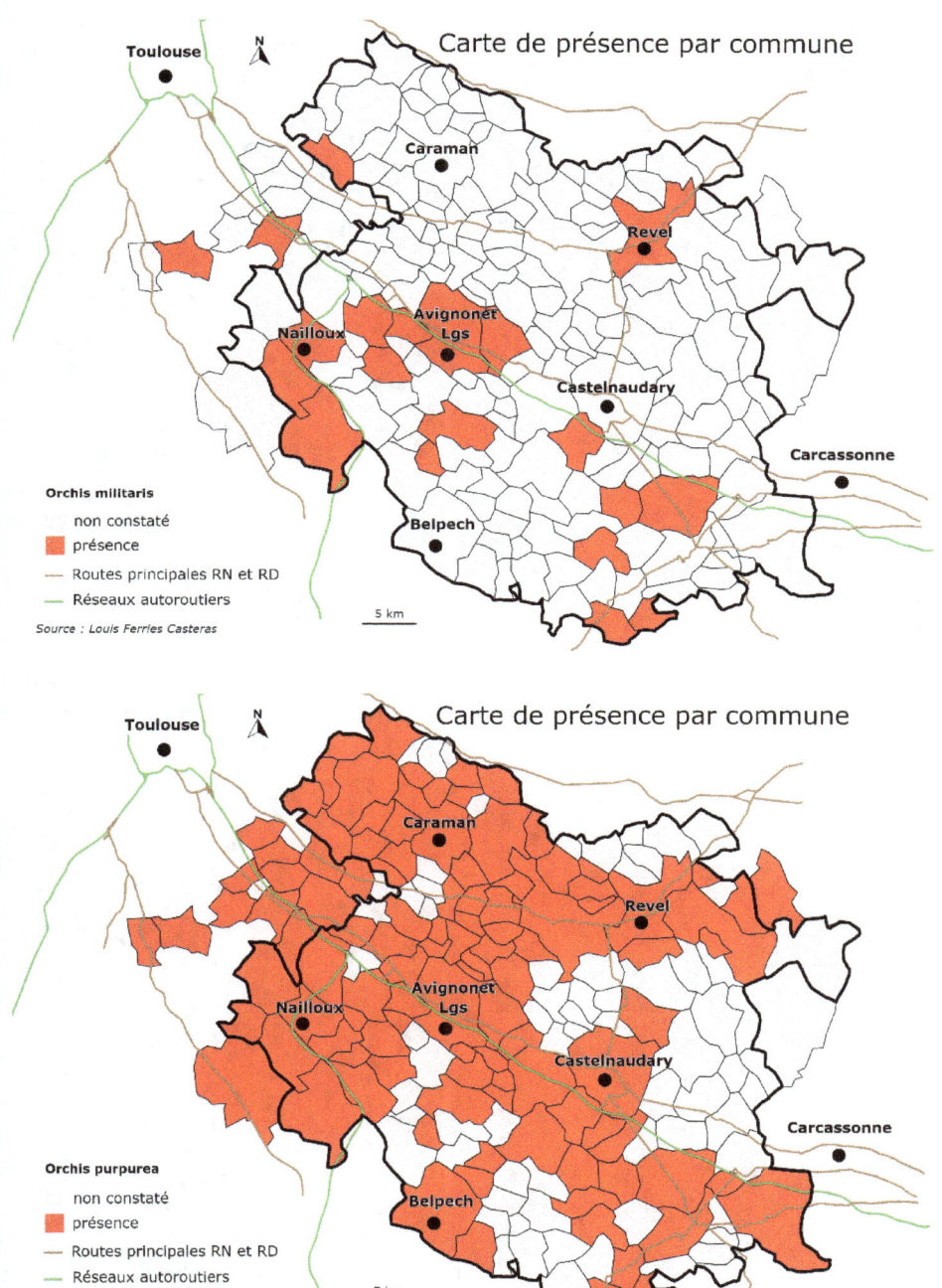

Carte de présence par commune

Toulouse · N · Caraman · Revel · Nailloux · Avignonet Lgs · Castelnaudary · Carcassonne · Belpech

Orchis militaris

- non constaté
- ☐ présence
- Routes principales RN et RD
- Réseaux autoroutiers

5 km

Source : Louis Ferries Casteras

Carte de présence par commune

Toulouse · N · Caraman · Revel · Nailloux · Avignonet Lgs · Castelnaudary · Carcassonne · Belpech

Orchis purpurea

- non constaté
- ☐ présence
- Routes principales RN et RD
- Réseaux autoroutiers

5 km

Source : Louis Ferries Casteras

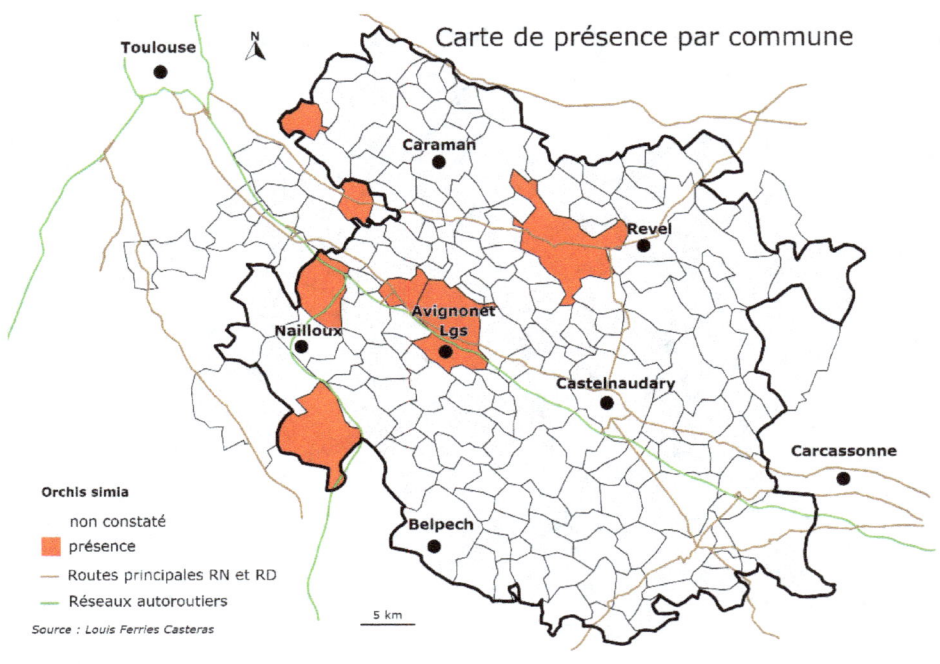

Carte de présence par commune

Orchis simia

   non constaté

   présence

   Routes principales RN et RD

   Réseaux autoroutiers

   5 km

Source : Louis Ferries Casteras

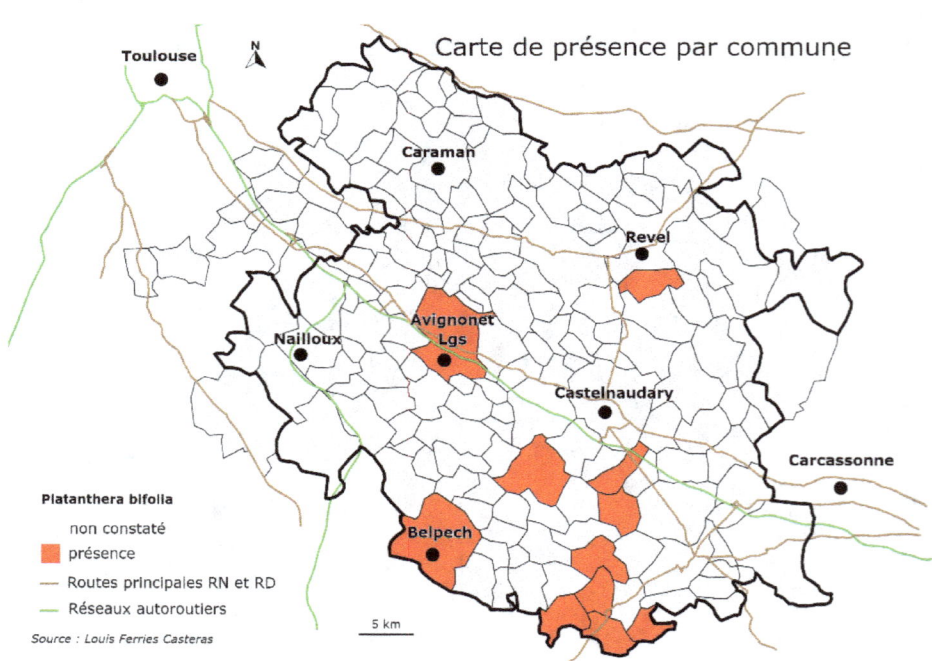

Carte de présence par commune

Platanthera bifolia

   non constaté

   présence

   Routes principales RN et RD

   Réseaux autoroutiers

   5 km

Source : Louis Ferries Casteras

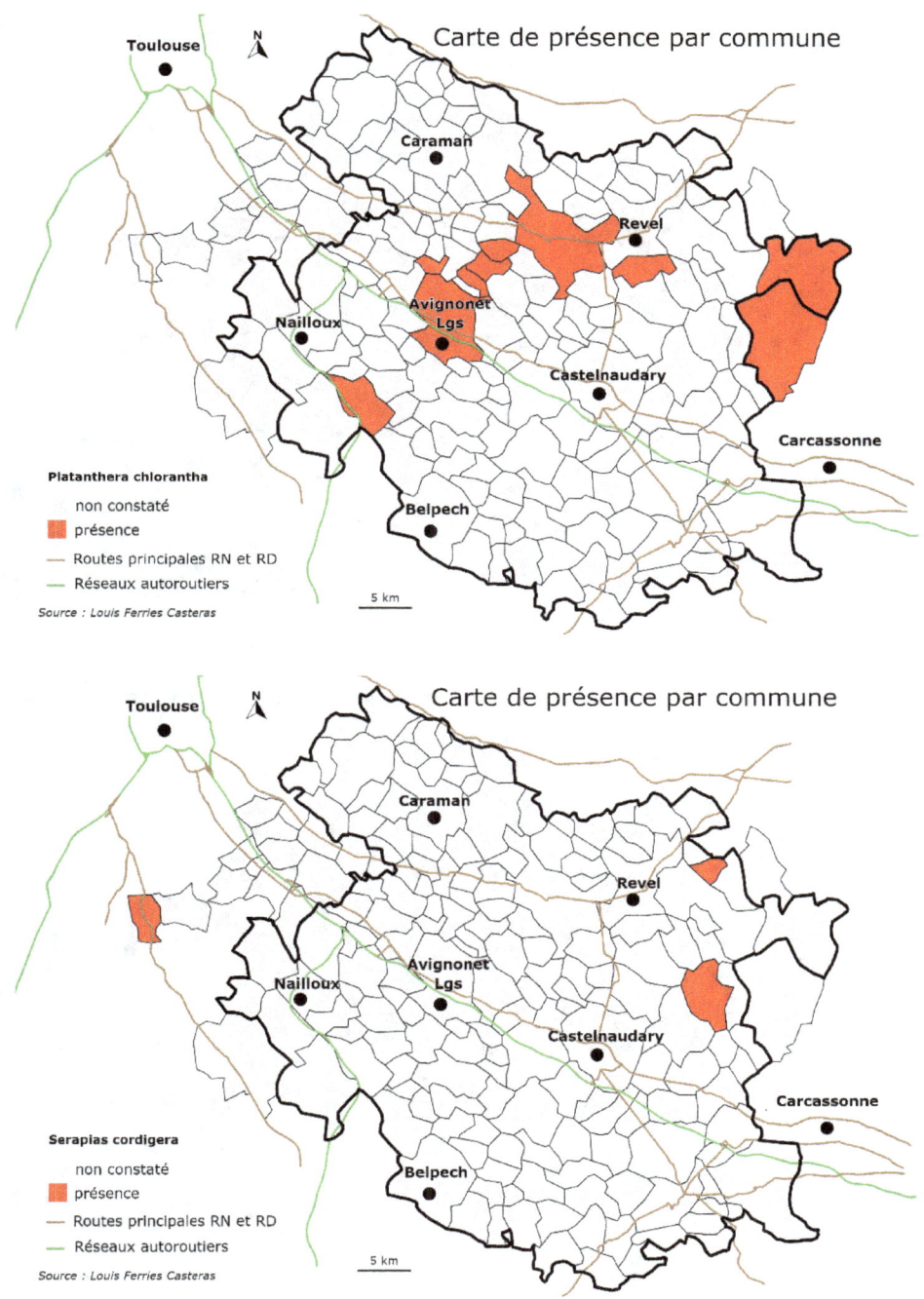

Carte de présence par commune

Platanthera chlorantha

□ non constaté
■ présence
— Routes principales RN et RD
— Réseaux autoroutiers

5 km

Source : Louis Ferries Casteras

Carte de présence par commune

Serapias cordigera

□ non constaté
■ présence
— Routes principales RN et RD
— Réseaux autoroutiers

5 km

Source : Louis Ferries Casteras

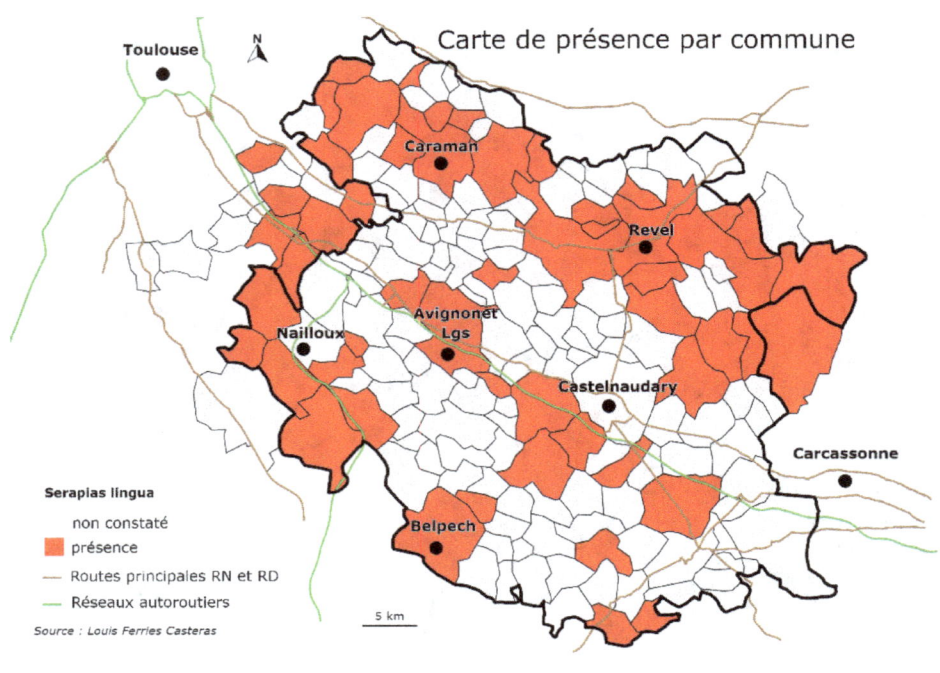

Carte de présence par commune

Serapias lingua

□ non constaté

■ présence

— Routes principales RN et RD

— Réseaux autoroutiers

Source : Louis Ferries Casteras

5 km

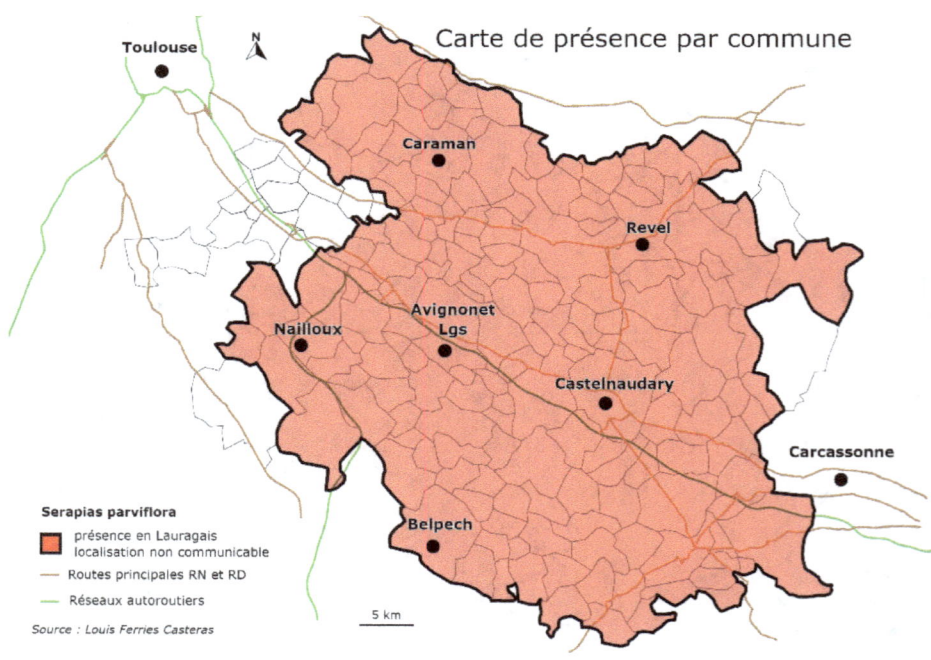

Carte de présence par commune

Serapias parviflora

■ présence en Lauragais localisation non communicable

— Routes principales RN et RD

— Réseaux autoroutiers

Source : Louis Ferries Casteras

5 km

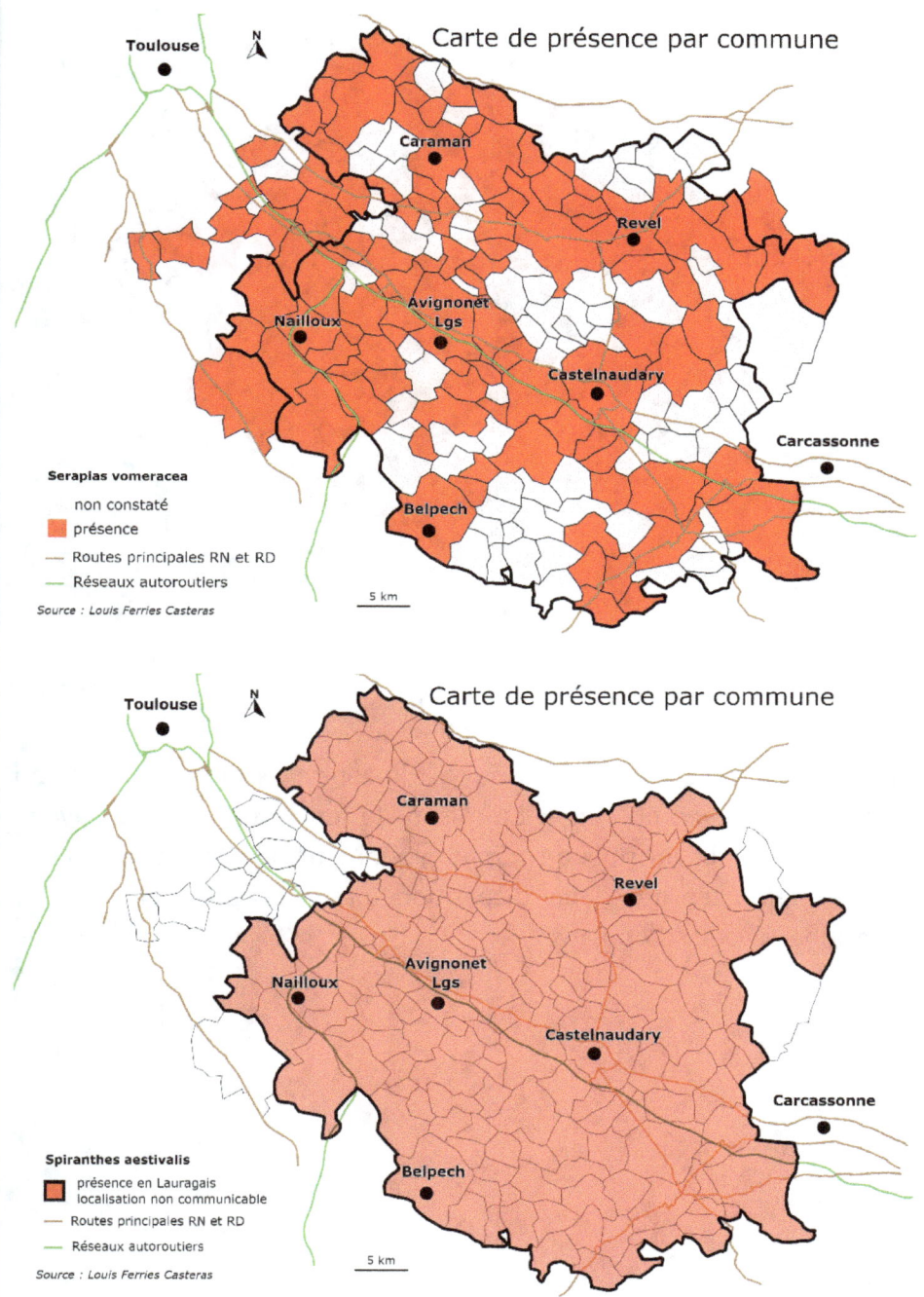

Carte de présence par commune

Serapias vomeracea

- non constaté
- présence
- —— Routes principales RN et RD
- —— Réseaux autoroutiers

Source : Louis Ferries Casteras

5 km

Toulouse
Caraman
Revel
Nailloux
Avignonet Lgs
Castelnaudary
Carcassonne
Belpech

Carte de présence par commune

Spiranthes aestivalis

- présence en Lauragais
  localisation non communicable
- —— Routes principales RN et RD
- —— Réseaux autoroutiers

Source : Louis Ferries Casteras

5 km

Toulouse
Caraman
Revel
Nailloux
Avignonet Lgs
Castelnaudary
Carcassonne
Belpech

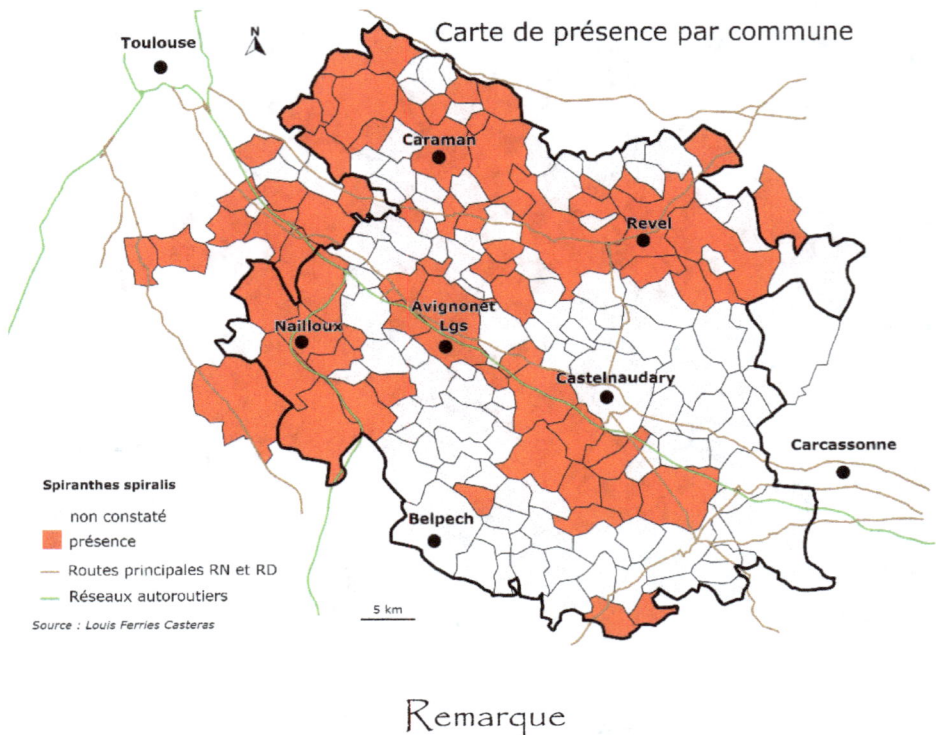

Carte de présence par commune

Spiranthes spiralis
non constaté
■ présence
— Routes principales RN et RD
— Réseaux autoroutiers
Source : Louis Ferries Casteras

5 km

Remarque

Certaines espèces d'orchidées n'ont pas de zone de répartition que l'on puisse indiquer avec précision. En raison de leur protection au niveau national, il n'est pas possible de communiquer leurs localisations exactes. Tout cela afin d'éviter leur disparition par des prélèvements de collectionneurs peu scrupuleux.

Glossaire

ANA : Association Naturaliste d'Ariège

Appendice : petite protubérance qui prolonge le labelle.

Basal : partie basse d'une partie de fleur ou organe.

Bois clair : boisement forestier aéré, les strates arbustives sont peu développées.

Bractée : petites feuilles situées sur la tige.

Broussaille : biotope composé d'arbustes, hautes herbes qui se ferme de plus en plus.

Calcaire : sol riche en carbonate de calcium ph>7.

Casque : se forme par l'assemblage des pétales et des sépales.

CBN : Conservatoire Botanique National

Chlorophylle : c'est un pigment présent dans les organites cellulaires qui participe à la photosynthèse.

Concave : qui est creux.

Convexe : qui est courbée, l'inverse de concave, arrondie en dehors.

Cordiforme : en forme de cœur.

Crénelé : qui est bordé de dents peu prononcées.

Dorsal : sépale médian au dos de la fleur.

Echancré : qui est découpé de manière peu profonde.

Engainante : qui serre autour de la tige.

Eocène : Deuxième période du Paléogène, comprise entre -55,8 et -33,9 millions d'années.

Eperon : prolongement situé à la base du labelle de certaines orchidées.

Epichile : partie du labelle séparée de la partie basale par un rétrécissement rigide ou articulé.

Filiforme : en forme de fil.

Friche : terrain non exploité depuis un certain temps.

Garrigue : habitat naturel de strate herbacée basse sur sol aride.

Gibbosité : bosse sur les labelles des *Ophrys*.

Glabre : dépourvue de poils.

Globuleux : qui est en forme de sphère.

GMPAO : Groupement Midi-Pyrénées des Amateurs d'Orchidées.

Grêle : qui est longue et fine.

Gynostème : organe qui porte les parties sexuées de l'orchidée.

Hampe : tige qui porte au sommet les fleurs.

Humifère : sol riche en matière organique.

Hybride : croisement de deux individus génétiquement différents.

Hyperchrome : anomalie de couleur des fleurs ou de la plante qui devient plus foncé.

Hypochile : partie basale du labelle.

Hypochromie : anomalie de couleur des fleurs ou de la plante qui devient plus claire.

Inflorescence : disposition des fleurs sur la tige.

INRAE : Institut National de Recherche Agronomique et Environnemental.

Labelle : pétale médian des orchidées en forme de langue.

Lâche : inflorescence au port espacé.

Lancéolé : en forme de fer de lance.

Lobe : division arrondie d'un organe.

LPO : Ligue de Protection des Oiseaux.

Macule : désigne une tache caractéristique du labelle, en particulier chez les *Ophrys*.

Maculé : qui porte des tâches.

Monocotylédones : est une plante qui possède un seul cotylédon (soit une seule plantule).

Neutre : sol équilibré en charge, ph=7.

Oblong : qui est plus long que large.

Obtus : angle arrondi supérieur à 90°.

Oligocène : Époque du paléogène, d'une durée approximative de 12 millions d'années, (ère tertiaire).

Ovaire : c'est la partie située à la base de l'organe femelle contenant les ovules.

Pétale : c'est une partie externe de la corolle, au nombre de trois.

Pilosité : c'est l'ensemble des poils qui recouvrent un organe.

Pollinie : masse de grains de pollen.

Population : représente la quantité d'une même espèce sur une station.

Port : stature de la plante.

Pubescent : couvert de poils fins.

Rosette : feuilles étalées en cercle autour de la base.

Sépale : c'est une partie externe de la fleur, au nombre de trois.

SFO : Société Française d'Orchidophile.

Symbiose : association biologique entre deux espèces pour que les deux puissent vivre.

Spiralé : qui est en hélice, en spirale.

Station : terrain ou vit une espèce.

Substrat : couche de sol ou pousse la végétation.

Taxon : nomenclature d'une espèce.

Trilobé : un organe découpé en trois lobes.

www.ingramcontent.com/pod-product-compliance
Lightning Source LLC
Chambersburg PA
CBHW062328290526
45794CB00005B/1949

* 9 7 9 8 8 7 1 3 6 1 8 0 1 *